OBSERVATOIRE IMPÉRIAL DE PARIS.

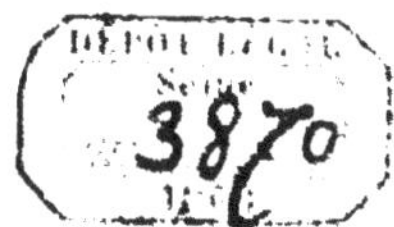

HISTORIQUE

DES

ENTREPRISES MÉTÉOROLOGIQUES.

1854-1867.

Jusqu'en 1854, l'Observatoire de Paris s'est borné, à l'égard de la Météorologie, aux observations faites dans son enceinte. L'étude du climat pour un lieu donné est assurément un travail de grande valeur; nous l'avons améliorée pour Paris, et nous avons institué des recherches du même genre sur un grand nombre de points de la France.

Nous n'avons pas cru toutefois que le rôle de l'Observatoire dût être aussi restreint, ni qu'on pût arriver ainsi à la connaissance des lois générales de la Météorologie, autant qu'elles nous sont accessibles. Les grands phénomènes, les vents, les pluies, les tempêtes, les orages, se préparent sur de vastes étendues de pays, sur la terre et sur l'Océan; et si l'on veut en démêler les causes, il n'est pas douteux qu'il faut considérer à la fois l'état d'une partie notable de notre hémisphère.

Le mouvement météorologique qui s'est produit depuis quatorze ans à l'Observatoire impérial de Paris a pour caractère principal l'extension graduelle des observations et la publication de leur ensemble, sous une forme qui permette au monde scientifique d'en tirer tout l'avantage qu'elles peuvent comporter. Le climat de la

France, les orages, les grêles, les tempêtes, la météorologie télégraphique, ont été l'objet d'institutions importantes dont nous allons rendre compte.

Nous adopterons l'ordre chronologique, mais en donnant à chaque sujet, dans chaque année, un titre italique qui permette de suivre avec facilité le développement de cette seule partie, si on le désire.

1854.

Observations météorologiques régulières. — Paris.

On n'avait, jusqu'en 1854, observé que quatre fois par jour, à 9^h du matin, midi, 3^h et 9^h du soir. Les déterminations portaient sur la température, la pression barométrique, le vent, l'humidité de l'air, l'état du ciel. Les observations du mois d'octobre sont encore faites dans ce système.

Il était douteux que ces données fussent suffisantes. Comment établirait-on la température moyenne du jour en se fondant sur un nombre limité d'observations avec lesquelles on ne pourrait pas restituer la température à toute heure donnée? On n'y parviendrait qu'en faisant une hypothèse arbitraire, étayée sur des observations effectuées dans d'autres pays, et dont les conséquences ne seraient peut-être pas applicables à notre climat.

En divers lieux, on répète les observations de 2^h en 2^h, comme l'a recommandé la Société royale de Londres. En Russie, aux États-Unis d'Amérique, on a même observé d'heure en heure. Mais ce travail presque continu, qui ne pourrait pas être imposé à des astronomes astreints à d'autres devoirs, est-il indispensable?

Il nous sembla qu'on arriverait à concilier les diverses exigences au moyen de six observations, faites régulièrement de 3^h en 3^h, et depuis 9^h du matin jusqu'à minuit. Ces observations pourraient en effet permettre, à l'égard des moyennes surtout, de représenter la période diurne par une série trigonométrique où l'on tiendrait compte des termes dépendant du double de l'angle horaire. En conséquence, à partir du mois de novembre 1854, les observations météorologiques sont faites à 9^h du matin, midi, 3^h, 6^h, 9^h du soir et minuit. Le développement de nos travaux montrera plus tard dans quelles limites cet accroissement du nombre des observations était nécessaire et suffisant.

Les observations météorologiques de l'année 1854 sont publiées dans les *Comptes rendus des séances de l'Académie des Sciences*. A partir de cette époque, tous les nombres donnés sont le résultat d'observations réellement effectuées aux heures normales elles-mêmes. On n'a pas cru pouvoir pratiquer l'usage suivi jusque-là de rétablir par des moyennes plus ou moins arbitraires, et sans en prévenir le lecteur, les observations qui n'avaient pas été faites. Les irrégularités inévitables, et qu'on doit chercher à rendre aussi rares que possible, doivent toujours être signalées par des observateurs scrupuleux (1).

Un thermomètre tournant est installé; il se trouvait dans la même condition que s'il avait été soumis à un vent violent. Par cette disposition, la puissance de l'air pour communiquer au thermomètre sa propre température se trouvait accrue, et l'influence relative des objets extérieurs et des murailles était réduite. Un grand nombre de comparaisons ont été faites, dans diverses conditions, entre les résultats ainsi obtenus et ceux qui étaient donnés par les thermomètres fixes. Les nombres fournis par le thermomètre tournant ont été, suivant les époques, supérieurs ou inférieurs aux autres.

1855.

Observations météorologiques régulières.

Les observations faites en 1855 à Paris sont publiées dans les *Comptes rendus des séances de l'Académie des Sciences.*

Nous avons dit que le nombre des observations régulières a été porté par nous de quatre à six, faites de trois en trois heures. En attendant que le développement des séries ainsi effectuées nous permette de montrer leur valeur, nous devons mentionner une dicussion qui s'éleva à la fin de cette année au sein de l'Académie des Sciences et à l'occasion du Rapport fait à la demande du Ministre de la Guerre sur l'organisation des observations météorologiques qu'on projetait d'établir en Algérie. La Commission, par l'organe de son rapporteur, M. Pouillet, proposait d'adopter, pour les nouveaux établissements, la méthode des observations horaires, c'est-à-dire des observations faites très-rigoureusement à chaque heure du jour et de la nuit. Cette proposition fut vivement combattue. M. le Maréchal Vaillant, entre autres, exposa qu'en demandant, en sa qualité de Ministre de la Guerre, un avis à l'Académie des Sciences, il n'avait jamais pensé qu'on voudrait imposer des conditions tellement rigoureuses que tout serait impossible. L'Académie n'adopta pas

(1) Cette conscience introduite dans les publications a été la source de critiques inintelligentes. Quelque zèle que des observateurs apportent à leur travail, il peut leur arriver d'omettre, très-rarement, une observation, dont alors la place reste en blanc dans la publication. Or on ne manquait jamais de faire remarquer que jusque-là le tableau météorologique avait toujours présenté une régularité admirable, l'observation semblant ne jamais faire défaut à l'heure dite. Mais tout cela n'était que mirage: la vérité est qu'un grand nombre d'observations n'étaient pas faites, et qu'on a donné pendant longtemps pour des observations ce qui n'était que des nombres calculés.

Ces tableaux d'observations et en particulier les quantités de pluie auraient besoin d'être publiés à nouveau.

les conclusions de sa Commission. Depuis lors, la Guerre a établi sur différents points de l'Algérie des observations beaucoup plus simples que celles qu'on réclamait en 1855; elles sont loin d'être sans valeur, nous en tirons un bon parti et l'Association scientifique de France a récompensé les médecins militaires qui en sont chargés, en décernant à plusieurs d'entre eux des récompenses.

Météorologie télégraphique. — Première organisation.

Le 16 février, j'ai l'honneur de soumettre à Sa Majesté l'Empereur le projet d'un vaste réseau de météorologie destiné à avertir les marins de l'arrivée des tempêtes; ce projet, très-complet, reçoit la haute approbation de Sa Majesté, et dès le lendemain, 17 février, nous sommes, M. de Vougy, Directeur général des Lignes télégraphiques, et moi, autorisés à entreprendre et à poursuivre l'organisation projetée.

« Proposez avec assurance, est-il dit dans la Lettre émanée du cabinet de l'Empereur, Lettre que nous pouvons citer parce que c'est un document authentique et honorable dans l'histoire de la Météorologie télégraphique, proposez avec assurance ce que vous jugerez convenable. La question est trop importante pour que Sa Majesté ne désire pas voir vos efforts couronnés de succès. »

Dès le 19 du même mois, nous communiquons à l'Académie diverses cartes de l'état atmosphérique de la France pendant les derniers jours, construites sur des renseignements fournis par l'Administration des Télégraphes. Parmi ces cartes on remarque celle du jour même, de 9 à 10h du matin (1).

M. Elie de Beaumont fait observer, à cette occasion, que plus d'une fois la Société météorologique de France s'était préoccupée de l'idée de faire servir les télégraphes à la météorologie.

Le 26 février, la carte de l'état atmosphérique de la France, à 8h du matin, est également présentée à l'Académie. On y voyait combien le vent modéré qui, à l'O. de la France, vient de l'Océan, et au S.-O. vient de la Méditerranée, est ensuite influencé dans sa direction par des chaînes de montagnes, notamment par les Cévennes, les Alpes, le Jura et les Vosges. La température, qui, pendant les dix derniers jours, avait présenté une différence de 25° et plus, entre certains points du N. et du S. de la France, est devenue uniforme. Cette carte et les précédentes font partie d'une suite d'essais : on a reconnu ainsi dans quelles conditions un sys-

(1) Sa Majesté daigna nous faire remettre à cette époque plusieurs dépêches qu'elle jugeait intéressantes pour nos travaux. Parmi ces dépêches figurait la suivante : « Toulon, 15 février. — La *Sémillante* a fait » route hier soir pour Constantinople avec 400 hommes d'infanterie..... Vent d'ouest, coup de vent. » On sait que la *Sémillante* alla rapidement se perdre, corps et biens, dans les bouches de Bonifacio.

tème d'observations régulières pourra être organisé avec le concours de l'Administration des Télégraphes.

Dans la séance du 12 mars, l'Académie entend la lecture d'une Lettre de M. Alex. de Humboldt, où se trouve ce passage : « Je suis entièrement de l'avis de ceux qui pensent qu'une prompte connaissance de la simultanéité des variations météorologiques, favorisée par la rapidité des télégraphes électriques, peut dans certains cas devenir très-utile ; par exemple dans de grands bassins de rivières, où les chutes de neiges, sur les points éloignés, annoncent le danger des crues d'eau qui menacent l'artère principale ; à l'époque du dégel des grands lacs et des grandes rivières, la nouvelle précédant de beaucoup l'arrivée des glaces ; pour la connaissance des grandes accumulations sur de certains points de la voie des chemins de fer ; de même dans les tristes pays du Nord, où le voyageur a quitté sa voiture pour continuer le voyage en traîneau, et ne trouve plus de neige en avançant pendant deux journées. »

Le 19 mars, nous répondons à M. de Humboldt que notre Gouvernement est allé au-devant de ses désirs en prenant des mesures pour que les études météorologiques soient établies *sur la plus large échelle* : « L'organisation de la France, disons-nous, » avance. La construction des cartes atmosphériques, au moyen des renseigne- » ments recueillis par l'Administration des Lignes télégraphiques, cartes mises » naguère sous les yeux de l'Académie, n'étaient qu'un premier essai, à la suite » duquel il a été résolu qu'un assez grand nombre de stations météorologiques » déjà choisies, établies par les soins de l'Administration et pourvues d'instruments » précis, seront installées et transmettront chaque jour leurs observations.

» Ces stations, ajoutées à celles établies par d'honorables savants auxquels nous » rendons la justice qu'ils méritent, compléteront un réseau météorologique res- » pectable et susceptible de rendre de très-grands services.

» L'organisation des colonies et celle des études en mer viendront aussitôt après » (*Comptes rendus*, t. XL, p. 625). »

Il servirait peu toutefois d'avoir recueilli un nombre considérable d'observations si ce n'était pour les discuter et les publier. Des mesures seront prises pour qu'il en soit ainsi de tous les documents dont nous aurons accepté la transmission.

Le 31 décembre, à l'occasion de la discussion du Rapport de la Commission des observations météorologiques à établir en Algérie, l'illustre M. Biot s'exprimait ainsi sur l'utilité des observations simultanées : « Si, comme M. Le Verrier l'a proposé, on constatait simultanément l'état statique de l'atmosphère inférieure en beaucoup de lieux se rattachant à un centre commun, où l'on discuterait comparativement ces résultats, nous ne pensons pas du tout qu'une telle étude serait stérile pour n'être pas fondée sur les observations locales du baromètre et du thermomètre effectuées avec la dernière précision. Nous croyons, au contraire, qu'on en déduirait sur les grandes convulsions accidentelles des couches inférieures de l'atmosphère, des conditions de correspondance qui pourraient être utiles à connaître, et qui amèneraient des applications importantes aux besoins pratiques de la Société. »

Cette opinion de M. Biot est trop précieuse pour que nous ne la consignions pas ici.

Tempêtes.

On a gardé le souvenir de l'ouragan qui, le 14 novembre 1854, assaillit les flottes alliées sur les côtes de la Crimée, et amena la perte du vaisseau *le Henri IV*. Le même jour, ou à un jour d'intervalle, suivant les localités, des coups de vent éclataient dans l'O. de l'Europe sur l'Autriche et sur l'Algérie. Le phénomène semblait donc s'être étendu sur une immense surface. Cette circonstance remarquable attira l'attention de M. le Maréchal Vaillant, Ministre de la Guerre, qui voulut bien nous inviter à entreprendre l'étude des conditions dans lesquelles s'était produit le phénomène.

J'adressai, en conséquence, une circulaire aux astronomes et aux météorologistes de tous les pays, les priant de me transmettre les renseignements qu'ils auraient recueillis sur l'état de l'atmosphère pendant les journées du 12 au 16 novembre. En réponse à cette circulaire, l'Observatoire reçut plus de deux cent cinquante envois, entre autres de MM. le capitaine James, Glaisher, en Angleterre; Quételet, en Belgique; Buys-Ballot, en Hollande; Dowe, en Prusse; Kreil, en Autriche; Aghardt, en Suède, etc.

La discussion de ces documents mit hors de doute que la présence d'un télégraphe électrique entre Vienne et la Crimée aurait pu servir à prévenir nos armées et nos flottes. En apprenant à Vienne que la tempête avait sévi à telle heure sur les côtes de France, à telle heure à Paris, à telle heure à Munich, on pouvait prévoir qu'elle allait atteindre la mer Noire. *Nous ne nous dissimulerons pas,* disions-nous à l'Académie des Sciences, *qu'on rencontrera de grandes difficultés pratiques pour arriver à des résultats de cette importance.*

En écrivant cette dernière phrase, nous ne songions qu'aux difficultés inhérentes à la question scientifique, sans prévoir les embarras de toute nature et les obstacles qu'on nous a sans cesse opposés, et contre lesquels aujourd'hui encore il nous faut lutter chaque jour (1).

(1) Si la discussion des documents a mis en évidence la conclusion pratique que nous en avons tirée, nous n'oserions garantir l'exactitude des vues théoriques du travail de l'auteur à qui nous avions confié les réductions. Une nouvelle discussion serait sans doute nécessaire.

1856.

Observations météorologiques régulières.

Les observations faites en 1856, à Paris, sont publiées dans le tome XII de la partie de nos Annales consacrée aux observations. Une explication est donnée dans l'Introduction (p. 138).

Comme 1857 est publié dans le tome XIII, et qu'il en est de même d'année en année, la publication étant d'ailleurs au courant, puisque 1866 a paru, nous ne reviendrons sur ce sujet que lorsque quelque circonstance spéciale l'exigera.

Météorologie télégraphique et Observations météorologiques régulières, établies en France par les soins de l'Observatoire impérial et de l'Administration des Lignes télégraphiques.

Ce système, annoncé en 1855, fonctionne aujourd'hui.

Il a été reconnu qu'il importait à la régularité du nouveau service que les observations fussent faites dans les postes télégraphiques, munis à cet effet d'instruments précis. En conséquence, il a été convenu avec M. le Directeur général de Vougy, que l'Administration des Lignes télégraphiques ferait recueillir les observations par ses agents et les ferait transmettre à l'Observatoire impérial de Paris, partie par le télégraphe, partie par la poste; tandis que de son côté l'Observatoire fournirait les instruments et les instructions, et réduirait les observations.

Les stations, au nombre de vingt-quatre, sont réparties entre les divers bassins du Rhin, de la Seine, de la Loire, de la Gironde et du Rhône, de manière à faire connaître le mieux possible l'ensemble de l'état atmosphérique de chacun de ces cinq grands bassins. Treize de ces stations transmettent par le télégraphe une observation faite à l'ouverture du bureau. Ce sont : Strasbourg, Mézières, Dunkerque, Tonnerre, le Havre, Limoges, Napoléon-Vendée, Brest, Montauban, Bayonne, Besançon, Lyon, Avignon. Les onze autres : Mulhouse, Châlons-sur-Marne, Abbeville, Clermont-Ferrand, Nevers, le Mans, Saint-Brieuc, Rodez, Rochefort, Draguignan, Narbonne, correspondent par la poste.

Les diverses observations sont insérées dans plusieurs journaux.

Il y aurait grand intérêt à étendre à l'étranger l'organisation nouvelle. Des ouvertures faites en ce sens ont été partout accueillies avec empressement.

1857.

Météorologie télégraphique.

A la fin du mois d'avril de cette année, la température était depuis plusieurs jours extrêmement basse, et ne s'élevait vers midi qu'à 7 à 8 degrés. On concevait des inquiétudes, et le 29 de ce mois l'Empereur désira connaître s'il y avait des pronostics d'un prochain changement de temps.

Nous nous installâmes, M. de Vougy et moi, dans un bureau de son administration, et nous recueillîmes, par le télégraphe, des documents sur la température et le vent des diverses contrées, en nous laissant guider par les premiers documents obtenus. Nous pûmes conclure dans la journée et faire connaître que dans deux ou trois jours la situation se serait améliorée. Effectivement la température à midi était remontée, le 2 mai, à 11 degrés; le 3 mai, à 15 degrés. C'est à cette opération que fait allusion le Directeur de l'Observatoire physique de Saint-Pétersbourg, M. Kupffer, dans une Lettre que la note ci-dessous reproduit en partie (1).

L'extension de notre réseau de météorologie télégraphique avec les Observatoires étrangers, pressentie à la fin de 1856, est pendant l'année 1857 l'objet d'une attention particulière et soutenue.

Il ne nous a pas suffi, en effet, d'obtenir l'adhésion de nos collègues scientifiques, ce qui n'offrait que rarement des difficultés, il a fallu surtout de longues

---

(1) *Lettre de M. Kupffer à M. Le Verrier.*

« Saint-Pétersbourg, le 30 avril 1857.

» Je viens de recevoir une dépêche du Dir[illegible]eur général des Lignes télégraphiques de France à Paris, dans laquelle on m'a prié de transmettre au Bureau télégraphique de Paris des renseignements sur la direction du vent, la température, etc., qui ont eu lieu hier à 8h du matin à Saint-Pétersbourg. Ceci m'a rappelé notre conversation relative à une communication télégraphique régulière des observations météorologiques de Saint-Pétersbourg à Paris et de celles de Paris à Saint-Pétersbourg, et je saisis cette occasion pour vous transmettre quelques renseignements sur cet objet.

» En vue de l'utilité que la science pourra retirer de cette communication prompte de nos observations, on peut bien dire qu'il n'y a que la question d'argent qui puisse être un obstacle à l'exécution de notre projet; il faut donc tâcher de la rendre aussi peu coûteuse que possible.

» Il se présentera bientôt une excellente occasion pour intéresser à notre entreprise le grand-duc Constantin, qui est à Paris dans ce moment, je pense, et qui viendra assurément visiter votre Observatoire. Vous lui montrerez sans doute votre observatoire magnétique et météorologique, et vous pourrez facilement, à cette occasion, lui exprimer votre désir d'avoir, tous les jours ou deux fois par semaine, des nouvelles télégraphiques de Saint-Pétersbourg sur l'état du vent, la hauteur barométrique, etc.; et, si cela se peut aussi, de ceux des autres ports de la Russie avec lesquels celui de Saint-Pétersbourg est en communication télégraphique. Vous lui parleriez de l'utilité que non-seulement la science mais aussi la navigation, et par conséquent le commerce, en pourront retirer....

» J'attends de grands résultats de l'exécution de votre projet, lorsqu'il se sera étendu sur une grande partie de la surface terrestre; ce sera encore à la France que la science en devra l'initiative. »

Nota. — Pour lever certaines dernières difficultés de forme dans la transmission des dépêches entre Paris et Saint-Pétersbourg, le grand-duc Constantin voulut bien permettre, dans les premiers temps, qu'elles fussent transmises sous son nom.

négociations pour obtenir des administrations télégraphiques la transmission de dépêches en franchise des droits. Malgré la bienveillance dont ces administrations ont fait preuve, notamment celle des lignes françaises, à laquelle est échu le service le plus lourd, ces administrations ne pouvaient évidemment con·.crer un privilége exceptionnel sans être bien renseignées sur les intérêts qui pouvaient le légitimer. Elles ont voulu entendre non-seulement leurs nationaux expéditeurs des dépêches, mais encore la plupart d'entre elles ont désiré recevoir la demande de l'Observatoire de Paris. Il en est résulté une correspondance multiple, extrêmement étendue, dont nous regrettons de ne retrouver que des traces, les lettres n'étant pour la plupart que des notes écrites de notre main.

Le 13 juin notamment nous adressons une demande définitive à Bruxelles, à Genève, à Madrid, à Rome, à Turin, et aussi à la Russie, à la Prusse, à l'Autriche. L'Angleterre ne pourra venir que plus tard, toutes les lignes télégraphiques se trouvant dans ce pays entre les mains de Compagnies.

M. Quetelet, le Père Secchi, le Père Piétro Monte (Livourne), M. Matteucci (Florence), M. Pig.·inl (Parme), M. Plantamour (Genève), M. Aguilar (Madrid), M. Kupffer (Saint-Pétersbourg), nous confirment leurs intentions et nous font connaître leurs négociations avec les administrations télégraphiques, négociations auxquelles nous prenons part et qui amènent les adhésions des États intéressés. Ces adhésions nous sont notifiées par les Ministres des divers pays ou par les Directeurs des Administrations télégraphiques.

Le 17 octobre, nous avons la satisfaction de prévenir télégraphiquement nos correspondants que toutes les adhésions ont été données et que nous sommes prêts à commencer notre service.

Le 2 novembre enfin, nous présentons à l'Académie le Bulletin météorologique du jour, contenant, outre les 14 stations françaises, 5 stations étrangères, savoir : Bruxelles, Genève, Madrid, Rome, Turin. On ne doute pas que le nombre des stations étrangères s'accroîtra avant peu de temps, et effectivement, avant la fin de l'année, Vienne, Lisbonne, Saint-Pétersbourg étaient inscrits au Bulletin quotidien.

L'Observatoire est dès lors en mesure de réaliser pour les avertissements à donner aux ports plus qu'on n'a fait ailleurs pendant plusieurs années; et s'il se trouve plus tard et transitoirement dépassé dans l'exécution, ce ne sera pas certes par sa faute.

Dès la fin de cette même année, avec l'assentiment du Ministre de l'Instruction publique, M. Rouland, nous proposons au Ministre de la Marine, M. l'amiral Hamelin, de se servir du réseau météorologique déjà établi, pour suivre les tempêtes à la surface de l'Europe et prévenir les ports de l'approche du fléau; il serait inutile de revenir ici sur les causes qui firent ajourner la mise à exécution de nos propositions, malgré les bonnes intentions du Ministre de la Marine. Il y a des gens qui font et laissent faire; il y en a d'autres qui ne font pas, mais laissent faire; la pire espèce, et malheureusement la plus nombreuse, ce sont ceux qui ne font pas et ne veulent pas qu'on fasse.

1858.

Météorologie télégraphique.

Dans le courant de l'année, une nouvelle extension est donnée au réseau : Moscou, Nicolaïew, Varsovie à l'E. de l'Europe; Stockholm au N.; San-Fernando, Florence et Livourne au S., commencent à nous transmettre régulièrement leurs dépêches quotidiennes.

Les observations russes nous ont été fournies à la suite d'un ordre de l'Empereur de Russie d'établir un réseau pareil à celui de France, et après le consentement obtenu de la Belgique et de la Prusse, sur le territoire desquelles devaient passer les dépêches (1).

Stockholm a demandé une négociation pareille. Copenhague a commencé à être envoyée. Nous donnons en note un résumé de cette affaire pour faire comprendre par un exemple quels soins il a fallu porter à l'ensemble du réseau pour l'amener à l'état où nous le trouverons en 1867 (2).

Florence est due à M. Matteucci.

---

(1) *Extrait d'une Lettre de M. Kupffer, datée de Saint-Pétersbourg, 21 janvier 1858.*

« Je m'empresse de vous annoncer que, sur la présentation de M. le Général Tchefkine, chef des voies de communication et lignes télégraphiques de Russie, S. M. l'Empereur a bien voulu très gracieusement accorder sa permission à ce que des données météorologiques fussent transmises chaque jour et gratuitement, des ports et autres lieux en Russie à Saint-Pétersbourg, et de Saint-Pétersbourg à Paris, aussitôt que les États étrangers, que ces dépêches télégraphiques doivent traverser pour arriver à Paris, y auront donné et exprimé leur consentement. Je vous prie donc de bien vouloir faire, si elles n'ont pas encore été faites, les démarches nécessaires auprès de votre Gouvernement et ceux de Prusse et de Belgique.

» Les points dont les données météorologiques vous seront transmises par le télégraphe, après avoir été reçues ici également par les télégraphes, sont les suivants :

» Pétersbourg, Revel, Riga, Moscou, Kiew, Odessa, Nicolaïeff, Varsovie; en tout huit points. »

(2) 19 *mars.* — M. Lindhagen offre l'envoi de la dépêche de Stockholm. Il demande qu'on assure la gratuité du transit en Danemark, en Belgique.

3 avril. — J'écris à la Direction des Télégraphes, à Copenhague, lui demandant d'assurer la gratuité pour le passage d'une dépêche de Stockholm, et, s'il est possible, à l'envoi d'une dépêche de Copenhague. Le *Bulletin météorologique* quotidien sera désormais envoyé à cette administration.

Idem. — J'avertis M. Lindhagen de cette demande, et, en outre, que je me suis entendu avec la Bel-

Des observations d'Alger, dues à la Direction du Génie, apparaissent à partir du 25 février. Cette station n'a pu être maintenue régulièrement. Les ruptures des câbles sous-marins ont interrompu forcément les transmissions et découragé les observateurs.

M. l'ingénieur français Ritter établit une station à Korou-Tches-Mér, voie européenne du Bosphore, à 6 kilomètres de Constantinople. Il y observe, en se conformant aux instructions données aux employés des télégraphes. M. Ritter obtient du Gouvernement ottoman l'autorisation de nous transmettre gratuitement, et par le télégraphe, son observation de 8h du matin, et le fait à partir du 1er mars. Cette observation ne nous est jamais parvenue régulièrement, malgré tout le soin qu'y mettait M. Ritter. Nous ferons, du reste, remarquer que c'est surtout la Turquie qui serait intéressée à recevoir des dépêches des tempêtes qui, venant du N.-O., fondent sur la mer Noire.

Les négociations tentées pour recevoir gratuitement une dépêche d'Angleterre n'ont pu encore aboutir. Mais notre collègue de Greenwich est en relation avec notre nouveau service.

---

gique. Il peut réclamer, s'il est nécessaire, l'intervention du prince Oscar, qui a daigné me la promettre. Le *Bulletin météorologique* quotidien sera désormais envoyé à M. le Directeur des Télégraphes suédois.

19 avril. — Réponse de M. Lindhagen.

19 août. — Réponse de la Direction des Télégraphes danois. Elle accède au passage gratuit de la dépêche de Stockholm et à l'envoi d'une dépêche de Copenhague. Mais la dépêche devra aussi passer sur le territoire prussien. Est-on d'accord avec lui?

4 septembre. — J'écris à la Direction des Lignes télégraphiques prussiennes, pour lui demander le transit gratuit des dépêches de Stockholm et Copenhague.

Idem. — J'écris à la Direction des Lignes danoises pour la remercier et lui faire connaître que, suivant son avis, j'écris en Prusse.

Idem. — J'avertis M. Lindhagen, à Stockholm, que nous avons l'assentiment du Danemark et que je réclame celui de la Prusse.

Idem. — J'écris à M. d'Arrest, Directeur de l'Observatoire de Copenhague, au sujet de l'observation qu'il enverra à Paris. Le *Bulletin météorologique* lui sera servi à partir de ce jour.

19 octobre. — Dépêche de M. Lindhagen, demandant si l'on a reçu l'acquiescement de la Prusse.

6 novembre. — Réponse de la Direction des Télégraphes prussiens. Elle n'a reçu ma demande que le 12 octobre. Elle accorde le transit de la dépêche de Stockholm.

9 novembre. — Exposé au Directeur général des Lignes télégraphiques de France de la négociation relative à l'envoi d'une dépêche de Stockholm.

12 novembre. — L'Administration des Lignes télégraphiques françaises accorde la réception gratuite de la dépêche de Stockholm.

1er décembre. — Réception de la première dépêche météorologique de Stockholm.

7 décembre. — Lettre de M. Lindhagen donnant des explications sur les valeurs des instruments et des observations transmises.

M. Airy nous signale entre autres une grande dépression barométrique observée le 24 mai : « Je serais satisfait, dit-il d'apprendre si ce mouvement a été observé à Paris, ou en quelque autre lieu du réseau étendu d'observations météorologiques, institué par vous. Les circonstances de cette trombe, observées à Oxford, correspondent exactement avec celles observées à Greenwich; seulement les différentes phases s'y sont produites une heure plus tôt. »

Les observations, faites avec un grand soin dans les postes télégraphiques, ont permis de fournir à M. Airy les documents réclamés par lui, et desquels il est résulté : 1° qu'en France, comme en Angleterre, la transmission s'est effectuée de l'O. à l'E.; 2° que l'intensité du phénomène allait en s'affaiblissant vers le S. de la France.

Bulletin météorologique.

Dès que nous en sommes venus, en 1857, à recevoir télégraphiquement des dépêches quotidiennes de l'étranger, nous nous sommes vus dans l'obligation d'en faire une copie autographique et de l'envoyer le même jour à nos correspondants. C'était la condition indispensable du maintien du service. Des extraits des observations météorologiques ainsi transmises sont insérés dans les journaux des diverses capitales de l'Europe.

A partir du 1er janvier 1858, le *Bulletin* s'accroit, devient régulier dans sa forme, et constitue pour l'année un fort volume grand in-4°.

Bientôt nous le mettons à la disposition du monde scientifique pour l'annonce des nouvelles dont la diffusion est urgente. L'astre, comète ou petite planète, dont la découverte nous est communiquée par Lettre, ou mieux encore par le télégraphe, est annoncé le jour même à tous ceux qui y ont intérêt. Nous donnons, pour rendre possibles les observations des astres mal connus, des éphémérides à mesure qu'elles sont calculées. Certaines observations météorologiques et des documents importants sont également insérés.

Le *Bulletin* a heureusement étendu la correspondance de l'Observatoire impérial et a servi à le tenir au courant du mouvement scientifique. Plus tard, il exercera une grande influence sur l'organisation et le développement des nouvelles entreprises météorologiques (1).

---

(1) Nous donnerons une idée de l'utilité de cette correspondance en citant les noms des savants qui, dès la première année, y ont pris part :

Aguilar, Airy, Argelander, d'Arrest, — Bond, Brorsen, Brahms, Buys-Ballot, — Calandrelli, Challis, Cooper, — Donati, Dufrez, — Encke, — Ferguson, Förster, — Gould, — Heis, Hind, — Les Jésuites de Guatemala, — Kaëmtz, Kupffer, — De Littrow, Luther, — Maclear, Mädler, Matteucci, — Pegado, Pigorini, — Reslhuber, — Schaub, Searl, Secchi, Smith (Piazzi), Struve, — Tuttle, — Valz.

1859.

Météorologie télégraphique.

De nouvelles négociations amènent l'introduction au *Bulletin* de Copenhague, Haparanda, Helsingfors, Kew, Riga.

Haparanda est à remarquer. Cette station, située au coin le plus septentrional du golfe de Bothnie, par 65°50' de latitude, est, dit M. Lindhagen, à cette époque, l'endroit le plus septentrional du monde avec lequel une connexion télégraphique soit établie. Haparanda se trouve près de l'embouchure du fleuve Tornea, et sur la rive occidentale. La ville de Tornea est célèbre depuis les opérations géodésiques que Maupertuis et Svanberg ont exécutées dans son voisinage.

M. Élie de Beaumont nous a fait connaître, à plusieurs reprises, qu'en suivant avec attention les variations du baromètre données par les dépêches de Haparanda, on en pouvait conclure, presque avec certitude pour nos contrées, l'approche des mauvais temps.

Avertissements aux ports.

Nous avons dit que, dès l'année 1857, nous avions proposé à M. le Ministre de la Marine, amiral Hamelin, de faire servir le réseau de météorologie télégraphique à transmettre d'utiles avertissements aux ports, mais qu'aucune suite n'avait pu être donnée alors à cette ouverture. A la fin de l'année 1859 cependant, Son Excellence se souvient de nos propositions et adresse au Ministre de l'Instruction publique une demande à la suite de laquelle nous recevons de M. Rouland une Lettre que nous reproduisons :

« Je vous envoie copie d'une Lettre écrite à M. le Ministre de l'Intérieur par la Chambre de commerce du Havre, qui demande que la direction des vents régnants à Brest et à Cherbourg soit signalée au Havre par la télégraphie nautique. En me transmettant cette Lettre, M. le Ministre de la Marine donne son approbation à l'idée qui y est émise et dont il se montre disposé à rendre l'application générale.

» M. le Ministre rappelle à cette occasion qu'à une époque déjà ancienne il s'est entretenu avec vous de l'utilité que les marins pourraient retirer de la fréquente publication de bulletins météorologiques, transmis par la voie électrique, et faisant connaître l'état du temps sur certains points des côtes occidentales d'Europe. Cette mesure vous paraissait très-praticable.

» Avant de donner des ordres pour l'envoi des indications demandées par le commerce du Havre, M. le Ministre de la Marine désire savoir si vous seriez prêt à présenter un projet concernant l'établissement d'un service régulier de transmission de bulletins météorologiques entre les ports du littoral français.

» *Je vous prie de me faire connaître, le plus prochainement possible, si une telle institution vous paraît réalisable et si vous seriez en mesure d'en préparer l'organisation.* »

Après m'être concerté avec M. le Directeur des Lignes télégraphiques, je proposai à M. le Ministre de l'Instruction publique d'adresser à M. le Ministre de la Marine la réponse suivante :

« Le Directeur de l'Observatoire m'a fait connaître qu'il a pu vous exposer les projets, formés par lui depuis plusieurs années, pour prévenir les côtes de l'approche des tempêtes et dans quel état d'avancement se trouve aujourd'hui l'organisation à laquelle il a travaillé, conformément aux ordres de l'Empereur.

» Les soins déjà donnés par l'Observatoire à cette importante affaire, les postes météorologiques établis en France, la correspondance télégraphique et gratuite accordée par toute l'Europe, portent à croire qu'effectivement on pourrait en très-peu de temps arriver à de bons résultats pratiques. M. Le Verrier insiste pour qu'on ne perde pas un jour, et qu'on s'efforce d'être en mesure lors des prochaines tempêtes équinoxiales.

» Si vous adoptez ces vues, Monsieur et cher Collègue, je vous prie de vouloir bien désigner sans retard ceux de MM. les Officiers connaissant bien la navigation de nos côtes de l'Océan, de la Manche et de la Méditerranée, et avec lesquels le Directeur de l'Observatoire aura à s'entendre pour l'organisation *immédiate* du service. »

1860.

Météorologie télégraphique.

Le réseau s'est enrichi successivement de Greenwich, Aberdeen, Galway, Hull, Penzance, Queenstown, Portrush, Groningue, le Helder, Leipsick. L'organisation est dès lors complète, et nous ne signalerons plus l'introduction de nouvelles stations, à moins que quelque circonstance particulière ne le demande.

Notre Collègue d'Écosse, M. Piazzi Smith, réclame de nous des observations pour l'étude d'une tempête cyclonique qui a éclaté en Angleterre les 2 et 3 du mois d'octobre. Des documents relatifs aux villes de Dunkerque, le Havre, Brest, Napoléon-Vendée, Rochefort et Bayonne, extraits des registres de nos stations, sont fournis à M. Smith : ils vont depuis le 27 septembre jusqu'au 4 octobre. Ces documents sont beaucoup plus étendus que ceux dont la transmission est donnée au *Bulletin*. Les stations observent toutes trois fois par jour au moins, quelques-unes cinq fois, et les registres sont tenus au courant.

Avertissements aux ports.

La négociation reprise à la fin de 1859 suit son cours. Nous sommes informé, à la date du 13 février, que M. le Ministre de la Marine a désigné MM. de Montagnac et Roze, capitaines de vaisseau, et M. Cloué, capitaine de frégate, pour s'entendre avec nous et M. le Directeur général des Lignes télégraphiques sur l'organisation du service météorologique pour les ports.

Nous soumîmes à la Commission un plan détaillé d'avertissements. Nous ne blesserons pas les trois éminents officiers qui tiennent un rang si distingué dans la Marine française, et avec qui j'ai conservé depuis lors de précieuses relations, en regrettant que malgré nos vives instances ils aient cru devoir s'arrêter à une organisation restreinte, et qui ne pouvait être, du reste, suivant eux-mêmes, qu'une pierre d'attente. Nous n'en prêtâmes pas moins notre concours à un arrangement intermédiaire et insuffisant : le caractère de la science est de se proposer pour but la vérité entière, mais de se contenter d'y atteindre peu à peu en acceptant chaque progrès à mesure qu'il se présente.

L'organisation projetée fut approuvée par les Ministres de l'Instruction publique, de l'Intérieur et de la Marine. Comme il était nécessaire de préparer avec l'Angleterre une extension du système, j'adressai, le 4 avril, à M. Airy, un exposé (1) dont nous devons reproduire, non la première partie, qui résume ce que le lecteur sait déjà, mais les conclusions :

« Procédant pas à pas, disons-nous au nom de la Commission, afin de ne rien compromettre dans une matière si délicate, nous avons commencé par établir en France un service régulier qui fonctionne depuis le 1er avril. Pour atteindre ce but, il a suffi d'introduire quelques modifications dans notre organisation antérieure.

» Chaque jour nos ports joignent l'état de la mer, fourni par la Marine, à la dépêche qu'ils expédient le matin à Paris. Immédiatement, les divers ports reçoivent communication de l'état de l'atmosphère et de la mer dans les parages qui leur importent. Ainsi, Cherbourg reçoit Dunkerque, le Havre et Brest; Brest à son tour

(1) L'envoi était officiel, et avait reçu l'autorisation des trois départements ministériels intéressés. Cet acte, nous écrit en particulier le Ministre de l'Instruction publique, « en fortifiant nos relations avec les » savants étrangers aura cet avantage de porter témoignage, dans le présent et plus tard, de votre constante » sollicitude pour les intérêts de la Science. »

reçoit Dunkerque, Cherbourg, Rochefort, Bayonne. Le port de Toulon est renseigné par Cette, Marseille et Antibes (1).

» Dans l'après-midi, à 3h, les ports informent de nouveau Paris de l'état de l'atmosphère et de la mer, mais omettant le baromètre et le thermomètre qui sont compris dans l'envoi du matin. Immédiatement, ces dépêches de 3 heures sont adressées aux ports qu'elles intéressent.

» Votre Lettre, mon cher Collègue, nous fournit une occasion d'entreprendre dès à présent l'extension de ce service maritime. Les circonstances sont propices, s'il est vrai que Son Altesse le Prince Albert ait daigné récemment prendre en Angleterre la présidence d'une Commission chargée d'établir un service météorologique sur les côtes de la Grande-Bretagne et d'Irlande.

» Nous désirons vous adresser deux fois chaque jour, par voie télégraphique, les documents météorologiques qui sont à notre disposition et qui peuvent intéresser la sécurité de la Marine anglaise.

» L'Amirauté peut, dès à présent, choisir les stations suivantes : Dunkerque, le Havre, Cherbourg, Brest (Ouessant), Lorient, Rochefort, Bayonne, Montpellier (Cette), Toulon et Antibes. Nous vous prions toutefois de ne réclamer que ce qui vous est strictement utile, afin de nous conserver plus de facilités pour vous transmettre ultérieurement les dépêches des nations étrangères et dont nous disposerons.

» En retour, la Marine française désirerait avoir connaissance de l'état de l'atmosphère et de la mer à Scarborough (mer du Nord), à Portland et au cap Lezard (Manche), à Cork et à Galway (Irlande).

---

(1) Voici, pour cette première organisation, le tableau complet du service des ports de France :

DUNKERQUE	reçoit	le Havre, Cherbourg, Brest.
DIEPPE	»	Cherbourg, Dunkerque.
LE HAVRE	»	Dunkerque, Cherbourg, Brest.
CHERBOURG	»	Dunkerque, le Havre, Brest.
SAINT-MALO	»	Cherbourg, Brest.
BREST	»	Dunkerque, Cherbourg, Rochefort, Bayonne.
LORIENT	»	Brest, Cherbourg, Rochefort, Bayonne.
NANTES	»	Brest, Rochefort, Bayonne.
ROCHEFORT	»	Brest, Bayonne.
BORDEAUX	»	Brest, Rochefort, Bayonne.
BAYONNE	»	Brest, Rochefort.
CETTE	»	Marseille.
MARSEILLE	»	Cette, Antibes.
TOULON	»	Cette, Marseille, Antibes.

» Nous adressons les mêmes propositions :

» A l'Espagne, à qui nous demandons, par réciprocité, la Corogne, Cadix, Carthagène, Barcelone et Mahon (Baléares) ;

» A la Sardaigne, dont nous réclamons Gênes et Cagliari ;

» A la Hollande, en sollicitant d'elle le Texel.

» Il peut se faire que, dans ces pays et en Angleterre, diverses circonstances exigent quelques modifications dans nos demandes, soit pour le choix des ports, soit pour les heures d'envoi. Nous acceptons à l'avance les changements qui seront jugés nécessaires, dans le but de hâter la mise à exécution.

» Nos Correspondants des diverses parties de l'Europe, à qui je dois un compte rendu de cette nouvelle phase de nos opérations, jugeront sans doute que nous avons prudemment agi en commençant par organiser un service *régulier* pour les ports. Il ne nous appartenait, dans ce cas, de stipuler que pour les ports français. A chaque nation revient le droit d'examiner ce qui convient à sa marine.

» Plusieurs États trouveront déjà de grandes facilités dans nos propositions. D'ailleurs, si nous n'avons pas de nouvelles demandes à présenter aux autres pays, à qui nous devons de nombreuses et importantes stations, le Portugal, l'Italie, l'Autriche, la Belgique, le Danemark, la Suède, la Prusse et la Russie nous trouveront prêts à faire droit aux requêtes qu'ils pourront nous adresser en vue de l'organisation de leur service maritime *régulier*. Ici encore il conviendra de se limiter aux données nécessaires, afin de ne point porter dans le service une complication qui nuirait plus tard aux dispositions à réaliser pour prévenir extraordinairement les côtes de l'approche des tempêtes.

» Signaler un ouragan dès qu'il apparaîtra en un point de l'Europe, le suivre dans sa marche au moyen du télégraphe, et informer en temps utile les côtes qu'il pourra visiter, tel devra être en effet le dernier résultat de l'organisation que nous poursuivons. Pour atteindre ce but, il sera nécessaire d'employer toutes les ressources du réseau européen, et de faire converger les informations vers un centre principal, d'où l'on puisse avertir les points menacés par la progression de la tempête.

» Cette dernière partie de l'entreprise est aussi de beaucoup la plus délicate. Il faut éviter d'en compromettre le succès en voulant la produire avant le temps où son utilité, universellement sentie, en fera partout réclamer l'organisation. L'expérience du service maritime régulier donnera d'utiles enseignements à cet égard. Nous comptons d'ailleurs qu'à l'exemple du Directeur de l'Observatoire météorologique de Saint-Pétersbourg, M. Kupffer, nos Correspondants voudront bien nous éclairer par leurs avis sur ces difficiles questions.

» En attendant, il importe de maintenir avec soin notre système international de dépêches. Nous demandons aux Observatoires et aux Administrations télégraphiques de continuer avec le même zèle l'envoi et la transmission des documents : de notre côté, nous ne cesserons d'en assurer la publication avec la même ponctualité. »

Cette communication amena l'échange si impatiemment attendu de dépêches anglaises, dont l'importance sera d'autant mieux sentie qu'on aura acquis une plus longue expérience. Dès le 1er mai, M. Airy m'informe qu'il s'est adressé à la *Sub-Marine Telegraph Company*, laquelle a renvoyé l'affaire à son agent à Paris; et mon confrère m'invite à m'entendre avec cet agent, M. Power. Nous avons trouvé en M. Power un homme instruit, ami des sciences, et avec lequel l'affaire de la transmission gratuite de la dépêche météorologique de Greenwich a été promptement conclue (1). Le 5 juin cette dépêche apparaît au *Bulletin*.

En même temps nous entamons avec le savant amiral Fitz-Roy une correspondance qui ne cessera plus qu'à sa mort, arrivée d'une manière si inopinée et si fatale pour la Science. On se ferait difficilement une idée de son zèle pour son service et de l'activité avec laquelle il en poursuivait tous les détails. Au moment où commença l'échange de nos télégrammes, il ne nous écrivit pas, du 1er au 11 septembre, moins de huit Lettres contenant quarante-deux grandes pages de propositions, d'explications sur les instruments, sur l'agencement des télégrammes pour diminuer les frais d'expédition par les Compagnies anglaises. Nous avons cherché à n'être pas le trop indigne correspondant du représentant du *Board of Trade*. Nous reproduisons en note la Lettre que nous lui adressions en réponse à la dépêche du 11 septembre;

---

(1) La Société du Télégraphe sous-marin ne tarda pas à trouver un [illegible]ntage personnel dans l'échange des dépêches; car, le 10 novembre, nous recevions de M. Power la Lettre suivante :

« Je suis chargé par le Secrétaire de la Compagnie du Télégraphe sous-marin entre la France et l'Angleterre de vous exprimer ses remercîments pour la transmission, que vous avez bien voulu lui faire parvenir, des états atmosphériques. Plusieurs journalistes, dans les provinces anglaises, ont demandé la permission de les insérer, et on y a consenti.

» Le Secrétaire m'écrit, en date du 8 courant, pour me faire savoir qu'il avait reçu plusieurs Lettres exprimant que l'intérêt de ces rapports serait grandement augmenté, si les stations suivantes pouvaient être ajoutées : Brest, Calais, Cherbourg, Copenhague, Dunkerque, le Havre, Hambourg, Marseille, Saint-Pétersbourg, Stockholm et Emden.

» Il paraîtrait, Monsieur le Directeur, que cette organisation, provenant entièrement de votre initiative, a trouvé partout la plus grande sympathie et est considérée en Angleterre comme d'une importance du plus haut intérêt pour le commerce et l'humanité. »

elle témoigne de notre préoccupation du service de la Marine et fixe la nature de nos relations (1).

Nous ne devions d'abord recevoir les télégrammes que de quatre stations; mais

---

(1) *A M. l'Amiral* Fitz-Roy.

« Absent au moment où votre Lettre du 11 septembre dernier nous est parvenue, je vous ai fait adresser tous les renseignements de détail. J'ai l'honneur de vous écrire aujourd'hui au sujet de l'ensemble de notre opération.

» Il ne faut jamais oublier que le service des dépêches télégraphiques météorologiques a été établi dans l'intérêt de la Marine, que nous sommes bien loin encore de l'état dans lequel ce service sera entièrement profitable, et que tous nos efforts doivent tendre à l'améliorer. C'est en ne perdant pas de vue ce point essentiel que je vous prie d'interpréter toutes nos dépêches.

» Ainsi que j'ai eu l'honneur de vous l'écrire, et comme cela est dit dans ma Lettre publiée le 4 avril 1860, les conditions du service télégraphique régulier ont été, pour ce qui nous concerne, fixées par M. le Ministre de la Marine, sur le Rapport d'une Commission composée de MM. de Montagnac, Roze, Cloué, Alexandre, et que j'avais l'honneur de présider.

» A l'égard de la Marine anglaise, il a été entendu que nous enverrions à l'Amirauté ce qu'elle voudrait bien nous demander, et nous vous adressons chaque jour les renseignements que vous avez vous-même fixés.

» La Marine française avait demandé, de son côté, à l'Angleterre, Galway, Cork, le cap Lezard, Portland et Scarborough.

» Vous voulez bien nous adresser Galway; Cork et le cap Lezard sont remplacés par Queenstown et Penzance; Scarboroug est remplacé par Hull; Portland manque absolument.

» Nulle part, vous ne nous donnez l'état de la mer, que nous vous envoyons assidûment.

» La Marine française désirerait très-vivement obtenir de l'Angleterre l'état de la mer sur les côtes d'Irlande dans la Manche et dans la mer du Nord. C'est un point, Monsieur l'Amiral, que je signale à votre attention de la manière la plus instante. J'ai la conviction que l'Amirauté anglaise, qui, conformément à sa demande, sait, par notre intermédiaire, l'état de la mer à Copenhague, à Brest, à Bayonne, au Helder, ne différera pas de nous faire part des mêmes données sur les côtes que nous lui indiquons.

» Dans ces conditions, Monsieur l'Amiral, Hull situé au fond d'une rivière, n'a pu remplacer Scarboroug que transitoirement. Yarmouth, que vous nous aviez d'abord proposé, eût même été préférable. Enfin, *et surtout*, nous vous demandons de nous donner connaissance de l'état de la mer dans la Manche : c'est le point le plus important pour la Marine française.

» Vous avez bien voulu me dire, Monsieur l'Amiral, que vous aviez rencontré des difficultés avec les Compagnies télégraphiques. Les circonstances seront peut-être favorables pour en triompher. La Compagnie du Télégraphe sous-marin m'a fait informer, par son représentant à Paris, qu'elle transmettrait volontiers en Angleterre non-seulement les cinq stations que je vous adresse, mais une quinzaine de stations. Ces documents seraient sans doute envoyés par la même voie sur divers points de l'Angleterre; les journaux semblent le demander.

» Peut-être trouverez-vous, dans ces bonnes dispositions, de nouvelles facilités pour obtenir l'envoi des documents des côtes, et notamment l'état de mer. Je ne fournirai aucune donnée nouvelle, si ce n'est sur votre demande.

» Je réponds en ce sens au représentant de la Compagnie sous-marine, à Paris.

» Veuillez agréer, etc. » Le Verrier. »

bientôt l'amiral a trouvé le moyen d'en faire contenir *six* dans l'envoi sans payer davantage, et à partir de ce moment nous en recevons six.

De notre côté nous envoyons à l'amiral, conformément à sa demande, Copenhague, le Helder, Brest, Bayonne et la Corogne ou Lisbonne.

Chaque pays assure le passage des dépêches sur son territoire, aller et retour, sans que l'autre ait à y intervenir.

Le 6 avril nous écrivons à M. Plana, notre illustre confrère de Turin, pour lui faire connaître le service institué, pour réclamer les dépêches de Gênes et Cagliari, et offrir en retour, pour la Marine sarde, les renseignements qu'elle désirerait obtenir (1).

En même temps nous nous adressons à M. le Maréchal Vaillant, commandant l'armée française à Milan, pour le prier d'appuyer nos demandes. Dès le 8, Son Excellence, dont le zèle éclairé pour les Sciences n'admettait alors aucun retard, écrivait à M. Plana et nous transmettait l'assurance de son appui (2).

---

(1) « Les tempêtes, disons-nous, qui ont eu lieu cet hiver ont naturellement amené le développement prévu de notre service météorologique en faveur de la Marine.

» J'expose ce qui vient d'être fait en France dans une Lettre à M. Airy; je vous en adresse des exemplaires par la poste. Chacun de nos ports reçoit, deux fois par jour, connaissance de l'état de l'atmosphère et de la mer dans les parages qui l'intéressent.

» Or nous désirons obtenir les mêmes nouvelles de deux ports de la Sardaigne, Gênes et Cagliari, et nous offrons en retour à votre Marine les renseignements des ports français qui peuvent lui importer.

» La Sardaigne nous adresse déjà Turin et Florence. Elle a bien voulu accorder le passage pour la dépêche de Rome; nous ne doutons pas qu'elle accueillera favorablement des projets dont l'exécution aura pour résultat de donner aux ports de la Sardaigne et par voie télégraphique d'importants renseignements.

» Je vous remets la négociation avec le Ministère de la Marine et avec la Direction des Lignes télégraphiques de Sardaigne. »

(2) On ne nous pardonnerait pas de ne pas conserver la Lettre de M. le Maréchal :

« Quartier général de Milan, 8 avril 1860.

» On m'a dit bien souvent que vous me faisiez aller : cette fois, vous avez pris soin de me le dire vous-même. Comment voulez-vous que je puisse avoir la moindre influence sur un directeur d'observatoire royal? c'est par trop vous moquer! Cependant, aussitôt reçu votre Lettre du 6 avril, c'est-à-dire aujourd'hui même, j'ai écrit à M. le Directeur à Turin, puis j'ai écrit aussi à notre ambassadeur, M. le baron de Talleyrand.

» Je pense comme vous, et l'ai dit autrefois, que la télégraphie électrique pouvait rendre de grands services en annonçant l'arrivée prochaine des grands bouleversements météorologiques. C'est beaucoup pour un port et pour les vaisseaux qu'il renferme, de savoir qu'une tempête viendra dans quelques heures, quelquefois dans un jour, y exercer ses fureurs! Déjà on annonce les crues des rivières et leur grandeur; grâce à vos bulletins, on prédira les ouragans, leur marche, leur intensité... Mais il faut du monde pour discuter les observations et les rendre vraiment utiles. Sans cela, ces observations iront comme tant d'autres s'enfouir dans les catacombes. » M^al VAILLANT.

» *P.-S.* Je reviens à la question que j'ai traitée avec vous : il faut une simultanéité d'observations; sans cela, quelle conséquence en tirer? »

Le 13, M. Plana répondait à l'éminent Maréchal, que tout allait être disposé à Gênes et à Cagliari pour les observations; et le 16, Son Excellence m'envoyait, avec un mot de sa part, la dépêche de M. Plana (1).

Une négociation pareille fut conduite avec l'Espagne, la Belgique, la Hollande, et il en fut donné communication aux autres pays, à la Russie entre autres, qui ne cessait de réclamer la mise à exécution du système complet d'avertissements.

On a vu que, dans l'arrangement qui commença à fonctionner le 1er avril, nos ports ne recevaient encore que des dépêches françaises : il importait d'ajouter au plus tôt des dépêches provenant de certains ports de l'étranger. Dès le 8 mai, j'expose au Ministre de la Marine que j'ai fait les démarches nécessaires.

Le Gouvernement des Pays-Bas consent à nous envoyer chaque jour l'état météorologique du Helder; il réclame en échange l'envoi de l'état météorologique à Paris, au Havre, à Brest. Nous avions demandé, conformément au vœu de la Marine, l'état atmosphérique au Texel; mais il n'y a pas d'observatoire sur ce point, tandis qu'il en existe un au Helder, station voisine.

L'Italie, suivant une Lettre du Directeur des Lignes télégraphiques, M. Matteucci, nous assure Gênes, Cagliari, Livourne.

Les négociations avec l'Angleterre sont en bonne voie. En conséquence, par une

---

(1) « Armée d'Italie. — Milan, le 16 avril 1860.

» *A M.* Le Verrier.

» Vous verrez que votre commission a été menée grand train. Toutes celles que vous voudrez me confier seront menées de même.

» Md Vaillant. »

« Turin, 13 avril 1860.

» *A M. le Maréchal Vaillant.*

» J'ai reçu, dans la matinée du 11 courant, la Lettre du 8, datée de Milan, que Votre Excellence m'a fait l'honneur de m'écrire sur le sujet de l'invitation qui, de Paris, vous a été faite par M. Le Verrier. Tout cela sera exécuté, soit à Gênes, soit à Cagliari, deux fois par jour. Mais, dans ce moment, je dois prier Votre Excellence d'excuser le tort que je parais avoir d'une réponse tardive. Sachez, Monsieur le Maréchal, que j'avais reçu, dans la matinée du 9, la Lettre qui m'a été adressée par M. Le Verrier, avec l'instruction détaillée des observations qu'on désire faire dans les ports de Gênes et de Cagliari. Je me suis empressé d'en faire la communication à notre Ministère de la Marine, et je croyais pouvoir donner plus tôt une réponse satisfaisante à Votre Excellence. Mais le billet ci-joint, écrit par le Secrétaire du Ministre, et sa réponse orale, identique, qu'il vient de me faire, me font craindre d'autres retards. Ainsi, je dois me borner, pour le moment, à donner à Votre Excellence la certitude que tout sera disposé à Gênes et à Cagliari pour que les observations en question soient commencées et continuées sans interruption.

» Je me félicite d'avoir cette occasion d'offrir à Votre Excellence l'hommage de mes sentiments de haute estime avec lesquels j'ai l'honneur d'être, etc.

» Jean Plana. »

dépêche du 10 mai, le Ministre de la Marine établit la répartition des dépêches étrangères entre les ports français (1).

Bulletin météorologique.

L'état de la mer, joint aux dépêches venant des ports, est, à partir du 1er avril, inscrit au *Bulletin*.

De nombreux documents sont publiés en additions.

1861.

Observations météorologiques régulières. — Paris.

Les résultats des observations de Paris sont résumés dans le Préambule du tome XVII des *Observations*, p. 42. On y trouve les moyennes de la température, du vent, de l'état du ciel, de la pression barométrique.

La température moyenne de l'année est de 10°,68, au lieu de 10°,79, qu'on déduit de l'ensemble des observations faites de 1806 à 1827.

La moyenne annuelle des pressions à midi, est de 756mm,732, au lieu de 756mm,078, qu'on tire de l'ensemble des vingt-deux années 1806-1827.

On trouve des résumés analogues dans les années suivantes.

Météorologie télégraphique.

Paris reçoit d'Angleterre les stations de Greenwich, Galway, Scarborough, Valentia, Yarmouth, Portland, Penzance; et envoie en retour six stations, dont Porto et Saint-Pétersbourg.

M. d'Aguilar (25 février) annonce, à partir du 1er mars, l'envoi des observations

---

(1) « J'ai reçu, dit Son Excellence, la Lettre que vous m'avez fait l'honneur de m'écrire, le 8 de ce mois, pour m'informer que, sur votre demande, le Gouvernement néerlandais consentait à transmettre chaque jour à l'Observatoire impérial l'état atmosphérique du Helder, et que les mêmes données vous seraient adressées régulièrement de Gênes, de Cagliari et de Livourne.

» Je vous suis infiniment obligé du soin que vous avez bien voulu prendre de me transmettre ces informations.

» Il me paraîtrait utile que les bulletins météorologiques provenant du Helder fussent portés à la connaissance des ports de Dunkerque, de Dieppe, du Havre, de Cherbourg et de Brest, et que ceux provenant des États sardes fussent communiqués aux ports français de la Méditerranée. Je prie, en conséquence, M. le Ministre de l'Intérieur de vouloir bien donner les ordres nécessaires pour que ces transmissions puissent s'effectuer sans difficulté.

» Recevez, etc.

» *L'Amiral Ministre de la Marine,*

» HAMELIN. »

faites à Barcelone, Palma (Baléares), Alicante et Bilbao. — La Corogne, poste avancé, de la plus haute importance, sera établie dans peu de temps.

Avertissements aux ports.

Nous ne perdons pas de vue que l'organisation établie en 1860, au sujet des ports, n'est qu'une pierre d'attente; le 21 mai, nous demandons de nouveau qu'un système régulier d'avertissements soit pris en considération et organisé. Nous rapporterons les termes de cette proposition, bien que l'expérience n'ait pas, à cette époque, prononcé sur ce qu'elle pouvait avoir de pratique et sur ce qui devait être modifié (1) :

« Le réseau de la Météorologie télégraphique, disons-nous, est aujourd'hui complet : il s'étend depuis Saint-Pétersbourg et Haparanda (Norvége) jusqu'à Cadix, Naples et Constantinople; depuis Valentia (Irlande) jusqu'aux ports de la mer Noire. Toutes les dépêches arrivent à l'Observatoire et en partent en franchise.

» Le moment semble donc venu d'appliquer ce service au but final pour lequel il a été constitué, en annonçant aux ports l'approche des tempêtes.

» Depuis l'an dernier, nos ports sont informés le matin à 7 heures, l'après-midi à 3 heures, de l'état de l'atmosphère et de la mer dans les ports voisins. L'installation de ce service régulier a préparé le service extraordinaire qu'exigerait l'annonce des tempêtes et dont nous allons examiner les conditions.

» Paris étant le centre des opérations, chaque port, chaque ville de l'Europe où viendrait à éclater une véritable tempête en informerait immédiatement sa capitale. Celle-ci aviserait aussitôt Paris.

» Supposons, comme exemple, qu'une tempête survenant à Cadix, Madrid et par suite Paris en soient informées. Madrid avertira Lisbonne, Malaga et les divers ports de cette région, Paris attendra.

» Or de deux choses l'une : ou la tourmente aura été purement locale, et nous n'aurons à semer l'alarme nulle part; ou bien nous serons instruits par l'arrivée de la tempête au cap Saint-Vincent, à Lisbonne, qu'elle court vers le nord avec une vitesse d'un degré à l'heure, et nous pourrons avertir les ports du golfe de Gascogne. Bayonne sera prévenu six heures à l'avance, Brest dix heures.

» En même temps, on informera Londres avec soin de la progression du fléau, afin que l'Amirauté anglaise puisse prendre toutes les mesures qui lui paraîtront

(1) Il est d'autant plus nécessaire de le faire, qu'en considérant le système établi en 1860 on a quelquefois conclu qu'à cette époque nous n'avions pas en vue un système d'avertissements, mais seulement l'annonce du présent. Ce système restrictif était celui de la Commission de 1860 et non le nôtre; en le mettant en œuvre comme un progrès réel mais insuffisant, nous avions dû nous interdire d'en faire la critique.

convenables. On rendra ainsi à l'Angleterre un service qu'elle reconnaîtra plus tard lorsqu'une tempête viendra du N.-O.

» On ne négligera pas d'ailleurs, si l'ouragan s'avance en même temps vers l'E., d'informer en temps utile Cette, Marseille, Toulon, Gênes et l'Italie.

» Enfin, s'il s'agit d'une de ces tempêtes générales qui balayent toute l'Europe, on en préviendra la Belgique, le Danemark, la Suède, la Russie : ces pays le demandent avec instance. Alger, dont les communications sont momentanément suspendues, ne sera pas oubliée.

» Une opération de cette nature est délicate et complexe. Elle doit être conduite, dès le début, avec toutes les ressources nécessaires et avec des hommes capables.

» Un fonctionnaire spécial devra être présent nuit et jour au poste central de Paris. Il devra être instruit avec soin de toutes les parties de son service. Il aura à sa disposition un employé télégraphique et toutes les cartes représentant la marche des ouragans et que l'expérience aura permis de construire....

» La dépense sera modique si on la compare au service rendu. Et d'ailleurs, nous ne doutons pas qu'après une très-courte expérience et dès qu'on aurait sérieusement averti les ports de l'arrivée d'une tempête confirmée par l'événement, le Gouvernement ne parvînt à faire rembourser par les armateurs et les compagnies d'assurances le décuple de la dépense annuelle que nous venons d'indiquer.

» L'Observatoire de Paris se croit en mesure d'obtenir, dans un court délai, l'organisation du service extraordinaire des tempêtes par toute l'Europe; mais il doit se garder d'exciter un tel mouvement avant d'en avoir reçu les moyens. »

« Quelques essais des *signaux avant les tempêtes* ont été faits et avec succès » nous écrit l'Amiral Fitz-Roy, sous la date du 16 mars.

Le *Memorandum on Storm Warning signals* de l'Amiral expose « qu'en général, il y aura moins d'occasions de donner des signaux pour les tempêtes du S. que pour celles du N. Celles du S. sont précédées par des signes remarquables, entre autres par la chute du baromètre et par une température plus élevée que ne le comporte la saison; tandis qu'au contraire de dangereuses tempêtes venant des régions polaires (N.-O à N.-E) sont souvent soudaines, et habituellement sont précédées par une hausse du baromètre, qui souvent induit en erreur les personnes inexpérimentées. »

Ces tempêtes soudaines du N.-O. sont pour notre service, comme pour celui de l'Angleterre, l'objet d'une grande difficulté; elles sont l'une des causes principales qui rendent indispensable le service du soir.

M. Buys-Ballot (21 mars) se félicite de recevoir régulièrement les observations de Brest et de Paris. En les combinant avec celles de Plymouth, qu'il reçoit directement d'Angleterre, il est à même d'avertir les marins d'une tempête prochaine.

1862.

Météorologie télégraphique.

M. John, Président de la Société des Sciences à Rostock, nous informe « qu'une Association de propriétaires du Mecklembourg désire prévenir en temps utile ses intéressés, pendant la saison des récoltes, de la probabilité du temps pluvieux; elle espère être à même d'arriver à ce résultat, en s'informant, par des dépêches télégraphiques, des variations du temps et de l'atmosphère dans l'ouest de l'Europe. Cette Société désirerait recevoir de l'Observatoire de Paris, pendant l'époque du 15 juin au 31 août, la communication par télégraphe des observations qui y arrivent, le matin à 8 heures, des stations de Bayonne, Bordeaux, Nantes, Brest, Avignon, Brest, Besançon. L'Observatoire Impérial rendra ainsi un grand service à une Association, dont le but, en dehors de l'intérêt matériel, n'est pas sans intérêt scientifique. »

Cette Lettre, en date du 13 août, reçue le 15, ne permettait pas de prendre pour cette année même les dispositions nécessaires; mais nous informâmes M. John que s'il restait dans les mêmes intentions l'année suivante 1863, nous lui donnerions satisfaction.

Avertissements aux ports.

Avec une persévérance digne d'un meilleur succès, nous continuons à appeler l'attention du public et des autorités sur la nécessité de donner au service des Avertissements son complément indispensable. Rappelons seulement les principaux actes.

Le 8 janvier, nous insistons sur « l'état du service télégraphique de la météorologie en France; sur les mesures à prendre pour compléter son organisation au point de vue de la Marine, dans l'intérêt de laquelle il a été institué. » Nous espérons qu'on pourrait, pour l'établissement d'un bureau spécial, obtenir le concours de la Marine, dont les officiers apporteraient des connaissances si précieuses. La Marine voudrait bien, sans doute, ne pas nous traiter en étrangers. Les liens les plus étroits ont toujours existé entre la Marine et l'Astronomie, et l'Observatoire Impérial de Paris s'applique à les resserrer.

Cet appel ne fut pas mieux entendu que les précédents; et le 30 octobre, nous adressons une Lettre au Ministre de l'Instruction publique, lui demandant qu'on prenne enfin un parti décisif. « Depuis 1860 il n'a été donné aucune suite à nos demandes; et, suivant la loi nécessaire de toute affaire scientifique qui ne progresse pas, non-seulement nous n'avons rien gagné, mais nous avons perdu.

« L'Angleterre, entre autres, qu'il fallait plutôt presser il y a dix-huit mois, s'est mise en marche de la manière la plus sérieuse. Non-seulement elle a organisé un service, mais, rattrapant le temps perdu, elle s'empare peu à peu de la situation et prend même la place qui semblait appartenir à la France. L'amiral Fitz-Roy a trouvé les ressources qui ne nous ont pas été accordées....

» Sommes-nous destinés à voir dans peu d'années, dans peu de mois, si l'on en croit des bruits fâcheux, la marine française aller chercher en Angleterre des instructions sur le temps, tirées des documents que nous aurons en partie fournis?

» Plusieurs autres motifs exigent que, d'une façon ou de l'autre, on donne une solution à cette affaire.

» M. le Directeur général des lignes télégraphiques écrit de la manière la plus pressante pour que nous fassions aux instruments de nos postes météorologiques des réparations et des changements indispensables. Il a raison. Mais à quoi bon dépenser là une somme considérable si l'affaire ne doit pas avoir d'autre suite?...

» Le *statu quo* ne doit être conservé sous aucun prétexte. La science, l'intérêt des marines française et étrangères et notre considération s'y refusent également. Jamais je n'aurais songé pour ma part à organiser un tel service pour le plaisir d'aligner des chiffres stériles, et jamais je n'aurais proposé d'y consacrer une portion du budget de l'Établissement. Jamais l'Europe, de son côté, n'aurait mis à notre disposition gratuitement toutes ses lignes télégraphiques pour un si maigre résultat.

» Rappelant donc que tous les marins auxquels nous avons exposé nos projets y ont applaudi, et qu'ils n'ont jamais hésité à dire qu'on sauverait des bâtiments et des hommes, nous avons l'honneur de proposer au Ministre de demander à la Marine de nous donner les moyens de compléter une organisation commencée dans son intérêt, et, s'il n'est possible d'arriver à rien de sérieux, de supprimer le service actuel au premier décembre prochain. On ose prédire que, dans ce cas et avant peu, notre Marine aura plus d'une fois à attendre sa sécurité des avis de l'étranger. »

Les difficultés sont du reste loin d'être levées, et on le verra suffisamment dans la suite. Notre but, en les rapportant, est de faire comprendre à ceux qui ne s'en doutent guère, et qui ne voient que les résultats d'une organisation, de combien d'entraves les ennemis de tout progrès ont toujours soin de l'entourer et à quel prix on peut espérer d'en triompher.

M. de la Roncière le Noury demande qu'une station soit établie à Gibraltar : il serait fort utile à la Marine de pouvoir se rendre un compte exact des obstacles qui retiennent souvent les bâtiments à l'Est du détroit. « Je vous remercie, dit M. l'Amiral, de tout le soin que voulez bien mettre à la correspondance météorologique entre l'Observatoire et la Marine. Vous nous rendez ainsi un grand service, et quand nous aurons le temps de Gibraltar, nous vous devrons toute reconnaissance pour les bienfaits dont vous nous comblez. » Nous regrettons que le service météorologique de la Marine n'ait pas dépendu exclusivement de M. l'Amiral de la Roncière : bien des difficultés auraient été évitées.

L'Amiral Fitz-Roy, à qui nous nous adressons à ce sujet, nous fait connaître par une Lettre du 13 février, qu'il ne peut nous fournir aucune donnée télégraphique sur Gibraltar. De son côté, M. Aguilar nous répond de Madrid à la date du 19 mars : « Aussitôt que j'ai reçu votre Lettre, j'ai commencé à faire des démarches pour obtenir qu'une station météorologique soit établie à Tarifa, qui est mieux située qu'Algésiras pour observer l'état de la mer du détroit de Gibraltar. »

Averti par nous de ces circonstances, le 25 mars, M. de la Roncière approuve le choix fait de Tarifa. Cette station a été effectivement établie.

1863.

Météorologie télégraphique.

A la demande de M. Bornemann et de M. John, l'échange des dépêches convenues avec le Mecklembourg, pour y faciliter les travaux des récoltes, commence le 25 juillet ; ce service a bien marché, mais il a été arrêté au 26 août par une circonstance exceptionnelle. Bien que la demande eût été faite par le Ministre du Mecklembourg, et que cette forme officielle nous eût rassuré contre toutes les éventualités, dès le 8 août l'office télégraphique de Rostock nous « prévient que les règlements de la Direction ne permettent pas d'attribuer aux dépêches le caractère de service », et qu'en conséquence la taxe sera exigée.

Avertissements aux ports.

Nous entrons enfin dans une phase décisive, et qui amènera une situation plus nette à certains égards.

Nos propositions, nos demandes avaient été renvoyées par le Ministre de l'Instruction publique au Ministre de la Marine qui, à la date du 31 janvier, y répond par la Note suivante :

« Par une Note en date du 8 de ce mois, M. le Directeur de l'Observatoire impérial expose que, d'après les ordres de l'Empereur, il s'est adressé aux Observatoires et aux Administrations télégraphiques des différents États de l'Europe, afin d'obtenir que les observations météorologiques recueillies dans les principales villes fussent gratuitement transmises chaque jour, par le télégraphe, à l'Observatoire impérial de Paris. Toutes les nations ont répondu à cet appel, et l'Observatoire reçoit et publie tous les jours le Bulletin météorologique des différentes parties de l'Europe. Cet intéressant document est communiqué à la Marine, qui en est très-reconnaissante à M. le Directeur de l'Observatoire.

» Il s'agit maintenant de faire servir ces observations à prévoir les tempêtes, à les suivre dans leur marche et à faire connaître d'avance leur arrivée aux ports qu'elles menacent, afin que les marins puissent prendre leurs précautions en conséquence.

» M. le Directeur de l'Observatoire impérial est prêt à organiser ce service, avec le concours de la Marine, à laquelle il demande seulement deux officiers pour collaborateurs.

» Le département de la Marine s'associera avec le plus grand empressement à l'œuvre utile et nationale dont il s'agit. Non-seulement les officiers nécessaires seront mis à la disposition de M. le Directeur de l'Observatoire, *sur sa présentation, après qu'il se sera assuré de leur bon vouloir et de leur capacité*, mais encore l'usage des électro-sémaphores, qui bientôt vont fonctionner régulièrement, sera librement acquis à la transmission des dépêches de l'Observatoire.

» Un service analogue à celui que M. Le Verrier a en vue fonctionne déjà en Angleterre sous la direction de l'Amiral Fitz-Roy. D'après les offres de cet officier général, la Marine lui fournit des renseignements sur l'état atmosphérique de nos côtes et reçoit, en échange, des prédictions relatives au temps probable des jours suivants dans la Manche et sur les atterrages de l'Océan.

» Il sera préférable, à tous les points de vue, de recevoir ces indications de l'Observatoire impérial de Paris. La Marine sera heureuse de contribuer à obtenir ce résultat dont elle sera la première à profiter. Dans tous les cas, elle ne saurait rester indifférente ou étrangère aux progrès réalisés par un Établissement auquel l'unissent à la fois des souvenirs traditionnels, des études communes et des liens de sympathie. »

Il ne ressortait de cette Note, et surtout des termes soulignés, qu'une seule conséquence sérieuse, c'est que la Marine n'entendait pas s'occuper de l'organisation d'un service français, et préférait en recevoir un tout fait.

Dans cette voie, la situation devait s'aggraver encore, et des difficultés, sur lesquelles nous passons ici et dont on trouvera un aperçu au Bulletin du 5 mai 1863, deviennent telles, qu'une solution quelle qu'elle soit devient indispensable.

Le 5 mai, M. le Ministre de la Marine veut bien donner une solution provisoire aux embarras entravant notre propre service.

Le 11, sur la demande de M. le Ministre de la Marine, je lui remets, ainsi qu'à M. le Ministre de l'Instruction publique, des propositions explicites.

Le 12 et le 29 juin, M. le Ministre de la Marine fait une première réponse à ces propositions, et il est entendu qu'une conférence sera tenue à ce sujet entre LL. Excellences et le Directeur de l'Observatoire.

Cette conférence eut lieu au Ministère de la Marine, le 27 juillet, en présence de M. Duruy, Ministre de l'Instruction publique, de M. de Chasseloup-Laubat, Ministre de la Marine, et du Directeur de l'Observatoire. Elle fut longue, mais aboutit à un résultat définitif, savoir : Que la Marine entendant rester cantonnée dans le service qu'elle avait accepté de l'Angleterre, le Ministère de l'Instruction publique était désormais libre de développer son travail par les voies qu'il trouverait les plus utiles et les plus pratiques. Il était seulement convenu que, dans l'intérêt respectif des services, les deux Administrations échangeraient leurs documents.

Cette solution évidemment ne fournissait pas de suite les moyens d'action nécessaires, le Ministre de l'Instruction publique ne les ayant point à sa disposition, et d'ailleurs le personnel indispensable n'était pas prêt. Toutefois, dès le 28 juillet, le Ministre augmente nos ressources pécuniaires, et, le 15 août, il nous adjoint un nouveau fonctionnaire. Les ressources viendront peu à peu en temps utile.

Dans l'état où nous nous trouvions, il n'eût pas été possible d'installer un service complet comme celui que nous avions proposé à l'origine; aussi fut-on entraîné à se réduire d'abord à une annonce de la probabilité du temps pour le lendemain. On trouve les premières dépêches de ce genre dans le mois d'août. Les prévisions sont surtout fondées sur une étude attentive des vents, des courbes d'égale pression barométrique, à la même heure, et pour la plus grande partie de la surface de l'Europe. Des spécimens de ces courbes sont donnés pour la première fois dans le *Bulletin* du 11 septembre. A partir du 16 de ce mois, la carte des vents et des pressions du jour, à 7 ou 8 heures du matin, suivant les saisons, est régulièrement inscrite au *Bulletin*.

« Un service d'avertissements aux ports, disions-nous en 1861, est délicat et complexe. Il doit être conduit, dès le début, *avec toutes les ressources nécessaires* et avec des hommes capables. » Nous n'étions plus, on le voit, à beaucoup près dans les conditions de notre programme primitif. Non pas que nous eussions renoncé à le considérer comme le meilleur, mais parce qu'après des années de lutte inutile nous étions conduits à commencer à tout prix. Malgré d'heureux résultats obtenus dans cette voie insuffisante, l'abandon forcé du principe fondamental de notre plan primitif est regrettable : il en est résulté des difficultés considérables dont on verra le développement ultérieur. Et quand nous voudrons, contraints par l'expérience, revenir à la vérité, nous nous heurterons contre des résistances aveugles, contre des amours-propres et des intérêts personnels dont à l'heure où nous écrivons on n'a pu encore triompher.

Nous avons commencé ce service incomplet, dans les principaux ports de France, par l'intermédiaire des Chambres de Commerce. Disons comme il a été accueilli.

Dunkerque. — Lettre du Président de la Chambre de Commerce. — Les télégrammes en prévision du temps sont régulièrement affichés et insérés dans les deux journaux de la localité.

Le Havre. — La Chambre de Commerce reçoit avec le plus vif intérêt, chaque jour, le numéro du Journal météorologique publié par l'Observatoire et la discussion des données météorologiques qui démontre et fait comprendre sur quelles bases sont établies les prévisions transmises par le télégraphe.

Pour assurer à ces renseignements la publicité immédiate qu'il est nécessaire de leur donner, la Chambre a décidé :

1° Que le télégramme serait, à son arrivée au Havre, déposé dans un cadre spécial placé aux galeries de la place du théâtre, lieu de réunion du commerce;

2° Que le Bulletin quotidien de l'Observatoire sera déposé dans la salle publique de l'établissement sémaphorique de la jetée du Nord et mis à la disposition de ceux qui voudront en prendre connaissance.

Des avis insérés dans les journaux de la localité feront connaître que ces documents pourront être consultés chaque jour.

La Chambre du Havre demande que le bénéfice des dépêches soit étendu à Dieppe, à Fécamp, à Saint-Valery, au Tréport.

M. le Sous-Préfet et M. le Maire de la ville du Havre ont bien voulu nous donner de leur côté l'assurance que l'Administration prêtera son concours à la Chambre de Commerce.

Caen. — La Chambre reçoit avec gratitude ces intéressantes communications. Les télégrammes sont immédiatement affichés sur le port et mis à la disposition de la presse locale. Il est à désirer que les dépêches parviennent aux ports de Ouistreham, Courseulles, Port-en-Bessin, Grandcamp, Isigny, Dives.

Cherbourg. — Extrait du Registre des délibérations de la Chambre de Commerce :

« M. le Président donne connaissance à la Chambre d'une lettre de M. Le Verrier, Directeur de l'Observatoire impérial, ainsi que des Bulletins quotidiens et dépêches télégraphiques qu'il a reçus. La Chambre accueille cette communication avec le plus vif intérêt et prie son Président d'en témoigner toute sa reconnaissance.

» La Chambre décide que la dépêche télégraphique qui lui est journellement adressée sera affichée dans la vitrine appendue à l'extérieur des bureaux du lieutenant de port, qu'elle sera aussi placardée à l'hôtel de la sous-préfecture, ainsi qu'au Palais de Justice, situés dans les quartiers de la ville les plus fréquentés.

» Comme il est probable que les dépêches télégraphiques annonçant le temps probable du lendemain pourront arriver à Cherbourg la veille au matin, la Chambre se fera un devoir, dans l'intérêt du Commerce et de la Navigation, de les transmettre à Barfleur, Saint-Vaast, etc. »

Nous avons d'ailleurs reçu le concours le plus empressé de M. le contre-amiral Roze, alors Major de la Marine au port de Cherbourg, de M. le préfet du département, du sous-préfet et du maire de la ville de Cherbourg.

Granville. — La Chambre de Commerce donne aux dépêches météorologiques toute la publicité nécessaire aux intérêts du Commerce et de la Marine.

Brest. — L'arrivée des télégrammes à leur destination éprouva à Brest même d'inexplicables retards, et c'est seulement le 5 décembre, que nous reçûmes de M. le Président de la Chambre de Commerce la lettre suivante, pleine d'intérêt :

« Je suis heureux de vous annoncer que désormais vos Bulletins télégraphiques me parviennent avec la plus grande ponctualité, et je m'empresse de les faire exposer sur le Port de Commerce, où tous nos marins en prennent connaissance.

» Au nom de notre Chambre de Commerce et au nom de notre Commerce maritime, je ne saurais trop vous remercier pour vos envois, dont l'utilité n'est contestée par personne; je n'en chercherai la preuve que dans des faits qui se sont passés récemment sous nos yeux. Le 30 novembre, nos navigateurs se sont bien gardés de quitter le port, malgré la belle apparence du temps.

» Malheureusement, pour un grand nombre, des circonstances imprévues sont venues déjouer tous les calculs ordinaires.

» Ainsi, les bâtiments à la mer n'ont pu profiter de l'expérience des hommes les plus versés dans les calculs des prévisions du temps. Il est même douloureux de le dire, des marins que leur expérience a portés à relâcher dans un port de refuge pour chercher un abri, ont vu leur navire s'engloutir sous leurs pieds. C'est ainsi que dans la nuit du 1er au 2 courant, treize navires, dans le port du Camaret, situé dans le goulet de Brest, ont été jetés à la côte. Plusieurs autres ont résisté sur leurs ancres, en sacrifiant leur mâture. Toutes les côtes du Finistère sont couvertes de débris. Chaque heure porte avis d'un nouveau désastre. Nos campagnes n'ont pas moins souffert de l'ouragan du 2 courant. Mais je reviens aux sinistres du Camaret. Ce port est très-fréquenté. Le Gouvernement, en raison de l'importance de ses mouvements, a fait établir un môle; mais ce moyen n'est efficace que par certains vents. Les vents de N. et N.-O. frappent en plein dans la baie de Camaret, et quand ils règnent avec violence, les navires y sont compromis. Vous avez bien voulu me demander, dans une lettre précédente, de vous faire connaître les mesures à prendre pour utiliser les précieux renseignements que vous mettez à notre disposition. Je ne puis mieux répondre à votre appel qu'en vous indiquant Camaret comme un des points les plus importants pour la transmission de vos prévisions pour le temps du lendemain. En effet, s'ils avaient été prévenus, les capitaines en relâche à Camaret auraient abandonné la veille ce port et seraient venus mouiller en rade de Brest où ils n'avaient rien à redouter. Camaret est le lieu de résidence d'un Administrateur de la Marine, c'est une garantie que le meilleur usage serait fait de vos télégrammes. »

Nantes. — La Chambre de Commerce transmet ses plus vifs remercîments pour la mesure que l'Observatoire vient de prendre et qui présente, pour le Commerce maritime, un si sérieux intérêt. Les Bulletins météorologiques de l'Observatoire seront, aussitôt après leur réception, affichés à l'hôtel de la Bourse, dans la grande salle où se réunissent les commerçants de la place.

La Chambre appelle l'attention sur l'utilité qu'il y aurait à ce que les Bulletins fussent transmis non-seulement à Nantes, mais encore à Saint-Nazaire, Paimbœuf, le Croisic et Pornic; enfin à Noirmoutiers et surtout à Belle-Ile (Morbihan). Belle-Ile est aujourd'hui un point de la plus haute importance; le nombre des navires de toutes les nations qui viennent y prendre langue est considérable et augmente tous les jours.

Rochefort. — « La Chambre de Commerce a vu dans les dispositions prises une nouvelle preuve de la sollicitude du Gouvernement pour tout ce qui touche aux intérêts commerciaux et maritimes, et elle en témoigne toute sa reconnaissance.

» La Chambre sera consultée, à sa première réunion, sur le mode qui lui paraîtra le plus convenable pour assurer la publicité des communications. En attendant, le public sera informé par la voie de la presse locale que le Journal météorologique est à la disposition de tous ceux qu'il pourrait intéresser, au secrétariat de la Chambre; le télégramme annonçant sommairement la situation atmosphérique du jour et les probabilités du temps pour le lendemain sera affiché à la Bourse et au bureau du port de commerce. »

La Chambre et le sous-préfet demandent que les dépêches soient également adressées à Marans, Saint-Martin-de-Ré, Saint-Pierre-d'Oléron, Marennes, la Tremblade, Royan et Tonnay-Charente.

Bordeaux. — « La Chambre de Commerce apprécie l'importance des télégrammes. Ils sont mis à la disposition du commerce français comme un bienfait des plus précieux. Les dépêches sont réexpédiées chaque jour à Pauillac et à Royan; et il conviendrait d'en faire bénéficier le bassin d'Arcachon. » Le Préfet promet aussi son appui. Le Recteur de l'Académie annonce que, pour contribuer au progrès, la

Faculté des Sciences fera chaque jour et transmettra par le télégraphe à Paris l'observation météorologique du matin.

Montpellier. — Extrait d'un avis de la Chambre de Commerce :

« La pensée de réunir les observations météorologiques prises en même temps dans tous les lieux avec lesquels on peut avoir des communications rapides, en vue des prévisions qu'on peut en déduire pour le temps du lendemain sur les côtes, présente de grands avantages. La Chambre recevra chaque jour avec un vif intérêt les télégrammes annonçant sommairement la situation atmosphérique du jour et les probabilités du temps pour le lendemain.

» Restent les moyens d'exécution, sur lesquels la Chambre présente les considérations suivantes : Le port de Cette, quoique ayant une importance exceptionnelle, n'est pas le seul port de mer existant dans le département de l'Hérault ; le département possède aussi le port d'Agde et plusieurs stations secondaires, nulles pour le commerce, mais qui servent d'asile à de nombreux bâtiments pêcheurs, aussi intéressés que la grande navigation à connaître les prévisions atmosphériques pour le temps du lendemain.

» Il y aura avantage à centraliser les renseignements à Montpellier, pour les transmettre par la même voie dans les ports de Cette et d'Agde, peut-être même dans tous les ports de la côte situés entre le Rhône et les Pyrénées, et à les faire insérer en même temps dans le journal qui s'imprime ici le soir et parvient le lendemain d'assez bonne heure sur tous les points de la côte.

» Ces mesures, qui paraissent les plus pratiques, seraient sans préjudice de toutes autres que le temps ou l'expérience pourraient indiquer.

» Cet essai serait une préparation au même service qui pourrait être établi à Montpellier à l'époque si impatiemment attendue où l'Observatoire sera organisé, et la Chambre a l'espoir fondé qu'il en résulterait immédiatement des avantages très-sérieux pour la navigation des côtes. »

Le Maire de Montpellier, Député au Corps législatif, écrit de son côté :

« La Chambre de Commerce de Montpellier a reçu avec la plus grande reconnaissance communication des observations météorologiques qui permettent aux navigateurs d'avoir des idées sur le temps qui pourra régner le lendemain, et elle s'est empressée de les faire connaître au public par tous les moyens en son pouvoir : l'affichage et l'insertion dans le journal de la localité.

» Mais il serait à désirer que la Chambre de Commerce pût transmettre d'une manière rapide et sûre ces communications dans les ports placés dans le rayon de la ville de Montpellier : Aigues-Mortes, Palavas, Cette, Agde et Sérignan. Les ports de Sérignan et de Palavas ne sont fréquentés que par des pêcheurs, mais ce sont ces embarcations qui ont le plus à craindre du mauvais temps.

» La franchise télégraphique peut seule permettre ces communications rapides et sûres entre la Chambre de Commerce et les ports, et je viens vous prier de demander à S. Exc. le Ministre de l'Intérieur de vouloir bien l'accorder. La Chambre de Commerce pourrait prendre des mesures pour transmettre par des moyens particuliers les dépêches aux ports avec lesquels il ne serait pas possible de correspondre avec le télégraphe ou par les signaux sémaphoriques. Cette faveur sera un véritable bienfait pour nos populations maritimes, si dignes de l'intérêt que le Gouvernement de l'Empereur ne cesse de leur porter, et sera le complément des salutaires mesures dont vous avez bien voulu prendre l'initiative. »

Marseille. — « La Chambre de Commerce a pris connaissance avec le plus vif intérêt de la lettre par laquelle vous l'informez qu'elle recevrait chaque jour, à l'avenir, un télégramme indiquant sommairement la situation atmosphérique du jour et les probabilités du temps pour le lendemain sur les côtes de la Méditerranée. La Chambre s'est mise en mesure de donner toute la publicité possible à ces intéressants documents, soit en les faisant afficher dans la salle de la Bourse, soit en les faisant insérer dans les journaux de la localité.

» La Chambre exprime le vœu que, dans l'intérêt de la navigation, à qui les prévisions de l'Observatoire impérial doivent être plus particulièrement utiles, les dépêches puissent faire connaître à l'avenir, outre les prévisions pour la zone de Port-Vendres à Antibes, celles pour les deux autres zones de la Méditerranée, c'est-à-dire d'Alicante à Barcelone et d'Antibes à Livourne, dont les marins auraient également besoin. Les télégrammes ainsi complétés pourraient rendre de véritables services aux capitaines de notre circonscription. »

Arles, Bone, les Martigues, Cassis et la Ciotat devraient également recevoir les dépêches.

Toulon. — La Chambre de Commerce et la Marine font savoir que les documents, affichés dans le port, sont consultés avec profit par la Marine et le Commerce.

Nous recevons d'une autre part, de la Marine, la Note suivante :

« Les télégrammes arrivent maintenant sur la plupart des points importants des côtes de la Méditerranée. Conformément aux ordres donnés par le Ministre, les autorités maritimes les répandent et les font afficher dans les lieux fréquentés par les marins. C'est ainsi que, grâce à l'excellente organisation des sémaphores dans la Méditerranée, M. le Préfet Maritime de Toulon a pu déjà donner, au désir du Ministre, une large et presque entière extension.

» Dès leur arrivée au port, les télégrammes sont immédiatement communiqués aux postes électrosémaphoriques des environs. L'un de ces postes, celui du cap Sicié, qui domine tous les points de la rade et qui peut être aperçu de tous les bâtiments, en donne immédiatement connaissance, par signal, au vaisseau amiral. Ces signaux faits à heure fixe, suivis et interprétés par tous les capitaines, font ainsi connaître instantanément à toute la flotte présente sur la rade de Toulon le temps probable annoncé par l'Observatoire de Paris.

« Le jour où une tempête sera annoncée, le signal d'alarme restera en permanence, toute la journée, au haut du sémaphore.

« Les mêmes motifs qui ont décidé de l'envoi des télégrammes aux électrosémaphores de Toulon subsistent, et avec un égal intérêt, pour les électrosémaphores des îles d'Hyères et de Villefranche, où stationnent non-seulement quelques-uns de nos bâtiments de commerce, mais où séjourne habituellement le vaisseau-école, le *Montebello*, et quelquefois aussi notre escadre d'évolutions. Comme nous l'avons déjà annoncé, nous avons tout lieu de croire que cette heureuse application des sémaphores, inaugurée dans la Méditerranée, ne peut tarder de s'étendre bientôt aux postes de l'Océan. »

Les Chambres de Commerce dont nous venons de rapporter les adhésions nous ont donné, dans nos entreprises un concours éclairé et puissant. Conformément à leur demande, le réseau des avertissements télégraphiques aux ports a été complété; dès les premiers jours de décembre, il comprenait les stations que nous allons rapporter en suivant l'ordre des divers départements maritimes de la France :

Départements.	STATIONS.
Nord...............	— Dunkerque, Gravelines.
Pas-de-Calais......	— Calais, Boulogne.
Somme............	— Abbeville.
Seine-Inférieure....	— Le Havre, Dieppe, le Tréport, Saint-Valery, Fécamp.
Eure...............	— Quillebeuf.
Calvados...........	— Caen, Trouville, Ouistreham, Honfleur.
Manche...........	— Cherbourg, Carentan, Granville.
Ille-et-Vilaine......	— Saint-Malo, Saint-Servan.
Côtes-du-Nord.....	— Saint-Brieuc, Binic, Paimpol, Tréguier, Lannion.
Finistère..........	— Brest, Morlaix, Saint-Pol-de-Léon, Landerneau, Quimper, Douarnenez, Audierne, Quimperlé.
Loire-Inférieure....	— Nantes, le Croisic, Paimbœuf, Saint-Nazaire.
Morbihan..........	— Lorient, Vannes, le Palais.
Vendée............	— Noirmoutier, le Sables.
Charente-Inférieure.	— La Rochelle, Marans, Saint-Martin-de-Ré, Tonnay-Charente, Rochefort, Saint-Pierre-d'Oléron, Marennes, la Tremblade, Royan.
Gironde...........	— Bordeaux, Blaye, Pauillac, Verdon, Arcachon.
Basses-Pyrénées....	— Bayonne.
Pyrénées-Orientales.	— Port-Vendres.
Aude..............	— La Nouvelle.
Hérault...........	— Montpellier, Cette, Agde.
Var...............	— Toulon, la Seyne, Saint-Tropez, Fréjus.
Bouches-du-Rhône..	— Marseille, Martigues, Cassis, la Ciotat.
Alpes-Maritimes...	— Nice, Cannes, Antibes, Menton.

Depuis cette époque, des ports d'ordre inférieur, et dont nous ne ferons pas mention, ont été ajoutés au réseau. Les destinataires sont partout MM. les Présidents des Chambres de Commerce et MM. les Maires. Ces fonctionnaires nous ont adressé, avec le plus grand empressement, des adhésions et des explications pareilles à celles que nous avions reçues des douze premières Chambres de Commerce.

Toutes ces mesures ont été, comme par le passé, arrêtées avec M. de Vougy, Directeur général de l'Administration des Lignes télégraphiques.

Des télégrammes météorologiques contenant des prévisions particulières aux différentes contrées ont été, à partir de cette époque, également adressés aux capitales de l'Europe avec lesquelles nous sommes en relation.

Bruxelles. — M. Quetelet et M. l'Ingénieur en chef Vinchent, Directeur des Télégraphes, nous informent qu'à dater du 1er décembre, le télégramme transmis de Paris au bureau télégraphique central de Bruxelles, dans l'après-midi, contenant le résumé des observations du matin et les probabilités pour le lendemain, sera réexpédié sur-le-champ à Anvers et à Ostende.

Copenhague. — M. d'Arrest expose que les dépêches en prévision du temps n'arrivent généralement que le lendemain entre 8^h et 9^h du matin; le retard paraît se produire sur le territoire allemand, et on pourra sans doute y remédier. Il est convenu avec le Directeur des Lignes télégraphiques que les télégrammes seront officiellement publiés sans aucun retard dans les ports du royaume toutes les fois qu'il y aura menace de tempête.

« C'est principalement, dit M. d'Arrest, dans les occasions où les grands tourbillons formés par l'océan Atlantique arrivent sur nos côtes, après avoir maltraité l'Angleterre, que les côtes occidentales du Jutland, si exposées aux ravages et si périlleuses à la navigation, tireraient dorénavant un puissant et prompt secours de vos précieuses communications. Nous ne négligerons à cet égard aucune occasion, et j'ai l'espoir qu'il deviendra possible d'atteindre le but proposé, d'autant plus qu'il est certain que ces tourbillons, surtout au mois d'avril et de novembre, emploient, dans la règle, deux ou trois journées pour traverser la mer du Nord. »

Christiania. — M. Nielsen, Directeur de l'Administration des Lignes télégraphiques et avec qui nous commençons de précieuses relations, afin de répondre à une demande que nous lui avons faite nous annonce qu'il nous adressera désormais le télégramme quotidien de Skudesnœs, situé sur la mer du Nord par 59° de latitude. Ce lieu est choisi parmi les cinq points où depuis trois années sont envoyés des télégrammes météorologiques, affichés dans toutes les stations le long de la côte et servant de renseignement pour les marins.

Saint-Pétersbourg. — « C'est avec un très-grand intérêt, dit M. Kupffer, que l'étudie les cartes météorologiques; les prévisions qui en résultent me paraissent d'une grande utilité pour la navigation et l'agriculture. Mais pour qu'elles puissent vous être d'une valeur pratique, il est nécessaire que vous vouliez les ajouter, en ce qui concerne la Baltique, aux dépêches télégraphiques. » — Il a été immédiatement fait droit à la demande de M. Kuppfer.

Vienne. — Lettre de M. Charles Jelinek, Directeur de l'Institut central Météorologique : « Le Commerce autrichien verrait avec satisfaction étendre les prévisions à l'Adriatique. A présent nous n'avons sur les bords de cette mer que les stations de Venise, de Trieste et de Valona (Albanie). On a cessé les observations à Zara et à Ragusa; on nous en offre au contraire de Spalato (Dalmatie). Je pense qu'il sera facile de trouver des observateurs dans toutes ces villes, si vos prévisions pour l'Adriatique leur parviennent. »

Turin. — M. Matteucci exprime le désir que le service météorologique ait dans chaque pays un centre principal. Nous nous empressons de répondre que nous ne l'avons jamais entendu autrement, et que c'est ainsi seulement qu'une organisation est possible. Paris ne correspond directement qu'avec les Administrations centrales. Le service de Florence et de Naples est fait par l'intermédiaire de Turin. Mais ce n'est pas, pensons-nous, dévier de cette organisation que de correspondre scientifiquement avec les autres villes, et notamment avec Ancône.

Le 14 décembre, M. Matteucci nous écrit encore : « Nous allons nous mettre sérieusement à l'œuvre. Le roi a signé hier l'arrêt qui nomme une Commission pour établir les observations et un bureau central. Je présiderai cette Commission. »

Madrid. — M. Aguilar écrit que toutes les stations de météorologie télégraphique d'Espagne ont été invitées à n'apporter aucun retard dans la transmission des dépêches. Les télégrammes venus de Paris en prévision du temps sont communiqués aux ports espagnols lorsqu'ils font prévoir les mauvais temps dans leurs parages.

Berne. — Nous entrons en relations suivies avec la Suisse par l'intermédiaire de M. Wild, Directeur de l'Observatoire.

Note. — Les années 1862 et 1863 ont vu se produire plus d'une tentative de diverses personnes cherchant à se mettre à la place du trop célèbre Mathieu de Liége. Nous voulons conserver le souvenir de deux d'entre elles, afin de montrer une fois de plus la crédulité sans borne du public, sans que nous ayons toutefois la prétention de l'en guérir.

M. X... prétendait tirer des prévisions à longue échance de la considération des circonstances de la Lune; par exemple, de l'heure de passage de la nouvelle Lune au méridien d'un lieu. Il adressa en 1862 son travail à l'Académie, qui ne le prit pas en considération. Le 3 juin, même année, il le soumet au Ministre de l'Instruction publique, et la Section des Sciences du Comité, appelée à se prononcer, fait un Rapport défavorable. M. X... persiste, et en appelle à l'Empereur. Son travail m'est renvoyé par le Ministre d'État, avec prière d'en faire un examen suffisant et qui puisse servir en quelque sorte de jugement définitif dans la question.

M. X... s'était basé sur soixante ans d'observations météorologiques faites à Genève. C'est sur ce terrain que nous l'avons suivi. De la discussion des observations, M. X... avait conclu, par exemple que « *La nouvelle Lune qui arrive entre 8h et 9h 30m du matin donne plus d'eau que celle qui arrive entre 7h et 8h du matin* ». Or, nous l'avons montré, il n'y avait rien de fondé dans cette prétendue loi, et l'illusion de l'auteur venait seulement de la grande quantité de pluie, 10, millimètres, tombée à Genève en 1840, pendant la première phase de la Lune qui a commencé le 5 octobre à 9h 5m du matin. Examinant d'ailleurs les prévisions faites par l'auteur à l'aide de son système, nous avons montré qu'elles étaient contraires à la vérité des faits, et que, pendant des périodes assez longues pour lesquelles on avait prédit des bourrasques et de la pluie, il n'était pas tombé une goutte d'eau dans aucune des capitales de l'Europe.

Cette réfutation péremptoire a été insérée au *Moniteur* et dans divers journaux. Mais rien n'y a fait, et la publication de l'almanach X... a suivi son cours sur la plus grande échelle. (*Voir* le *Bulletin* du 7 avril 1863 et jours suivants.)

Attiré par ce succès, M. Y... s'est mis à faire à son tour, un an à l'avance, des prévisions pour la province d'Alger. Du moins M. X... avait-il fait connaître une ébauche de son système; M. Y... n'en donnait aucune. Mais il n'a pas pu et ne pouvait pas fournir une longue carrière. Quand M. X... annonçait une bourrasque en Europe, il avait de grandes chances de trouver quelque pays du Nord où sa prophétie se réalisait. Il n'en était pas ainsi à Alger, où, quand on annonçait le mauvais temps un an à l'avance, on avait de grandes chances de tomber, à l'époque dite, sur une série de beaux jours. C'est ce qui arriva, et l'entreprise tomba. Nous ne rappelons ces faits que dans une espérance bien faible, il est vrai, d'en rendre le retour moins fréquent.

1864.

Observations régulières faites dans les Écoles normales primaires.

Les séries régulières d'observations ne peuvent guère être poursuivies pendant de longues années et sans interruption que dans les Établissements soumis à une règle. Les Écoles normales primaires existant dans chacun de nos départements remplissent, à divers égards, toutes les conditions désirables.

Dès l'année 1836, M. Béguin, Directeur de l'École de Perpignan, y établit un système d'observations.

En 1855, M. Hanriot, alors Inspecteur d'Académie à Metz, propose de faire faire des observations dans cette École. M. Faye, Recteur de l'Académie, accueille cette idée : il réunit, au chef-lieu de l'Académie, les Directeurs des quatre Écoles de son ressort, et leur donne, dans une conférence spéciale, les instructions nécessaires pour l'établissement des instruments et la pratique des observations. Depuis cette époque, des observations ont été faites dans les Écoles de Nancy, Metz, Mirecourt et Épinal.

A partir de 1859, des observations sont faites à l'École de Montpellier par M. Jullian.

Le 15 janvier 1864, le Directeur de l'École de Vesoul demande l'autorisation de faire faire chaque jour par ses élèves, sous la direction d'un maître, des observations météorologiques.

Le 29 juillet de la même année, nous proposons au Ministre de l'Instruction publique de généraliser les mesures et de demander aux Conseils généraux, qui vont prochainement s'assembler, de doter leurs Écoles normales des instruments nécessaires. Le Ministre accepte cette proposition, et, le 13 août, il adresse aux Préfets des départements la lettre-circulaire suivante :

« Paris, le 13 août 1865.

» Monsieur le Préfet,

» Depuis longtemps le Gouvernement de l'Empereur se préoccupe des moyens d'étendre et de préciser de plus en plus les observations météorologiques faites dans l'intérêt plus spécial de l'Agriculture et de la Marine. Les résultats déjà obtenus, malgré l'insuffisance des moyens d'action dont il nous est permis de disposer, donnent lieu de penser qu'on parviendrait à atténuer, dans une proportion notable, la gravité des sinistres qui atteignent trop souvent nos récoltes et nos navires, si les probabilités des changements de temps pouvaient être étudiées sur une plus vaste échelle et publiquement annoncées à l'avance.

» En ce qui me concerne, j'ai pensé, Monsieur le Préfet, que les Écoles normales primaires de l'Empire pourraient être appelées à rendre ici d'utiles services, en rassemblant les matériaux d'une statistique des orages qui sévissent sur la France. Quelques-uns de ces Établissements n'en sont plus à faire leurs preuves, et les renseignements qu'ils me transmettent sont pris en sérieuse considération.

» J'écris par ce même courrier à MM. les Directeurs d'École, pour les inviter à tenir registre désormais des phénomènes météorologiques qui se produiraient dans la localité. Les observations ainsi recueillies seraient ensuite centralisées à l'Observatoire impérial, et de la comparaison de ces documents, empruntés à toutes les latitudes, la Science tirerait assurément des inductions de plus en plus certaines.

» Mais, pour atteindre ce but, c'est-à-dire pour mettre les Écoles normales à même de s'acquitter convenablement de la tâche que je leur confie, il serait nécessaire à chacun de ces Établissements d'acquérir un certain nombre d'instruments de météorologie, et c'est à cet endroit essentiel que le concours du Conseil général de votre département nous devient indispensable. Je ne doute pas du reste que cette grande Assemblée n'apprécie pleinement l'importance capitale d'une mesure destinée à sauvegarder les plus graves intérêts; et je serais particulièrement heureux si elle voulait bien, dans sa prochaine réunion, voter les fonds nécessaires à l'acquisition des instruments dont voici la liste :

» Un baromètre de Fortin;

» Un thermomètre à minima de Rutherford;

» Un thermomètre à maxima de Negretti;

» Un psychromètre;

» Un pluviomètre;

» Une girouette.

» Le prix total ne dépasserait pas 250 francs. »

La demande du Ministre fut accueillie avec la plus grande faveur, et la plupart des Conseils généraux votèrent les fonds nécessaires pour l'installation des observatoires météorologiques des Écoles normales.

Aussitôt commença l'achat des instruments. Tous sont excellents et bien connus; aucun n'a été admis sans avoir été comparé à un étalon éprouvé; presque tous ont été vérifiés à l'Observatoire de Paris; un petit nombre à Toulouse, dont le baromètre est lui-même comparé à celui de Paris. La place assignée aux instruments a été discutée avec le plus grand soin : les plans de toutes les Écoles sont joints aux dossiers.

Avertissements aux ports.

Nous avions appelé de nouveau l'attention de M. le Ministre de la Marine sur notre service, en lui faisant connaître les progrès accomplis et la nature des télégrammes adressés chaque jour au Commerce dans les différents ports. Le 18 janvier, Son Excellence nous envoyait son adhésion en nous invitant à transmettre directement nos télégrammes aux ports militaires, auxquels les ordres nécessaires seraient donnés pour que les bulletins reçoivent toute publicité. Nous donnons en note la lettre du Ministre et notre réponse (1).

---

(1) *Lettre de S. Exc. le Ministre de la Marine.*

« Paris, le 18 janvier 1865.

» Monsieur le Directeur et cher Collègue,

» Un douloureux événement m'a empêché de répondre plus tôt à la Lettre que vous m'avez fait l'honneur de m'écrire, le 11 décembre dernier, relativement à votre service météorologique. J'ai appris avec plaisir que vous étiez en mesure, depuis le mois de juillet, de publier chaque jour votre Bulletin de prévision du temps, et vous ne sauriez douter que je n'accepte avec le plus grand empressement l'offre que vous me faites de vos télégrammes pour nos ports militaires.

» Vous n'ignorez pas, en effet, que, si jusqu'à ce jour j'ai fait envoyer sur notre littoral les prévisions de l'Amiral Fitz-Roy, c'est parce qu'il n'existait nulle autre part des avis analogues, et que, me préoccupant avant tout de la sécurité de nos marins, j'ai dû satisfaire à leurs justes réclamations, en organisant au Ministère un service météorologique pratique dont l'importance était déjà constatée depuis deux ans par tous les navigateurs des mers du Nord.

» Je ne puis donc, Monsieur le Directeur et cher Collègue, que vous savoir gré de la proposition que vous voulez bien m'adresser et à laquelle je donne mon entière adhésion, en vous priant de vouloir bien transmettre directement vos télégrammes dans nos ports militaires.

» Je donnerai, d'ailleurs, les ordres nécessaires pour que ces bulletins reçoivent toute la publicité pos-

A partir de cette époque, nous avons reçu du Ministère de la Marine communication d'un grand nombre de documents qui nous ont été fort utiles pour nos recherches.

---

sible en indiquant leur origine. Il y aurait lieu, en même temps, de les adresser au Ministère de la Marine, qui doit centraliser les communications du réseau sémaphorique à l'aide duquel nous pourrons, en temps utile, faire signaler les tempêtes sur toutes les côtes de France. Si vous le jugez convenable, l'officier chargé de ce service au Ministère, pourra s'entendre avec vous pour les questions de détail qu'il y aurait à résoudre.

» Les prévisions du temps n'étant pas encore établies sur une étude assez longue ni sur des données assez certaines, vous jugerez sans doute, comme moi, qu'il peut être utile de continuer pendant quelque temps l'envoi des télégrammes anglais auxquels nos navires accordent, d'ailleurs, une assez grande confiance.

» L'Amiral Fitz-Roy a mis, au surplus, trop de complaisance et d'empressement à nous communiquer ses avertissements, quand nous n'avions pas encore ceux de l'Observatoire de Paris, pour que nous cessions aujourd'hui des relations qui peuvent nous être encore réciproquement fort utiles dans bien des circonstances.

» Je serai bien heureux, pour ma part, d'apprendre que, grâce aux travaux de l'Observatoire de Paris, travaux qui n'entraient pas dans les attributions du Ministère, nous ne serons bientôt plus dans la nécessité d'avoir exclusivement recours aux observations étrangères, pour prévenir les navigateurs de l'approche des tempêtes et des diverses circonstances météorologiques qui les intéressent.

» Agréez, etc.

» *Le Ministre Secrétaire d'État de la Marine et des Colonies,*

» De Chasseloup-Laubat. »

Sans nous arrêter à faire remarquer une fois de plus que si le service des avertissements n'avait pas été développé plus tôt, nous n'en étions pas responsable, nous fîmes immédiatement à cette Lettre la réponse suivante :

« Paris, 21 janvier 1864.

» Monsieur le Ministre,

» J'ai reçu la Lettre que vous avez bien voulu m'écrire au sujet du service météorologique des Ports. Je m'efforcerai de répondre à vos intentions de la manière la plus simple et la plus utile.

» Immédiatement, j'ai demandé à l'Administration des lignes télégraphiques, de faire remettre une copie des télégrammes quotidiens à Messieurs les Amiraux commandant les ports de Cherbourg, Brest, Lorient, Rochefort et Toulon. S'il y avait un retard, ce que je ne crois pas, il proviendrait de l'absence de M. de Vougy. Je le verrai dès son retour, qui est imminent.

» J'accepte avec empressement l'entente que vous voulez bien m'offrir avec l'officier chargé du service météorologique au Ministère. L'expérience des deux derniers mois surtout m'a en effet montré qu'il y a plus d'un point de détail, délicat et difficile, et sur lequel une règle précise est nécessaire. S'il convient d'avertir les marins, il faut éviter de les entraver.

» Le concours de M. l'Amiral Fitz-Roy nous est et nous restera extrêmement précieux. Celui de la Commission qu'on vient d'établir à Turin nous sera sans doute utile dans la Méditerranée.

» Je ne puis trouver que des avantages à ce que tous les documents et toutes les appréciations soient à la disposition de ceux qui sont en mesure de les discuter. Le Ministère de la Marine, l'Observatoire, MM. les Amiraux peuvent recevoir utilement des documents multiples. Je ne suis pas aussi convaincu

A peine le nouveau service des avertissements était-il commencé, qu'il donna lieu, de la part de M. le Maréchal Vaillant, à des critiques très-accentuées. Son Excellence aurait désiré qu'on n'envoyât pas chaque jour aux ports des télégrammes en prévision du temps, mais qu'on se bornât à les avertir quand ils étaient menacés sérieusement par la tempête. Ce n'est pas nous qui aurions contredit à cette partie des vues de l'illustre Maréchal, puisque ce qu'il réclamait était ce que nous avions proposé dès l'origine; mais il n'eût été possible d'en venir là que par l'établissement d'un service du soir, et nous n'étions point encore en mesure de le faire. La question était donc réservée pour être résolue plus tard en ce sens.

D'un autre côté, l'éminent météorologiste Maury faisait connaître son opinion dans une lettre adressée à M. Zurcher, et que nous conservons ici en note (1). On

---

de la bonté d'une abondance de renseignements dans les stations secondaires, qu'ils troublent, et où la pratique conduira sans doute à une sobre réserve.

» Pour que nous puissions remettre au Ministère de la Marine nos télégrammes quotidiens, il est nécessaire que nous sachions quels sont ceux que Votre Excellence veut recevoir et quel est le mode d'envoi que vous préférez.

» Sur les quatorze télégrammes que nous expédions de midi à midi et demi, quatre seulement concernent les côtes de France; les autres sont à destination de l'Étranger. Leurs limites sont indiquées avec netteté dans le *Bulletin*. Je vous prie de me fixer sur ceux que vous désirez recevoir, afin que je puisse m'entendre à ce sujet avec l'Administration des Lignes télégraphiques. Je n'y mettrai aucun retard. »

(1) *Lettre de M. Maury.* (Extrait.)

« La météorologie télégraphique ouvre un vaste et fécond champ de recherches. J'ai suivi avec le plus vif intérêt les travaux de l'Amiral Fitz-Roy, et j'ai été heureux d'apprendre que votre Gouvernement entrait aussi dans la même voie.

» Je crains cependant qu'on ne tombe tout d'abord dans un excès analogue à celui qui, en Angleterre, n'a pas peu embarrassé, j'en suis sûr, le bureau météorologique.

» Le but pour lequel a été établi le nouveau Bureau de Paris est évidemment d'utiliser la météorologie et d'en rendre une certaine partie profitable aux travaux industriels. Dans une telle entreprise, on peut s'attendre à rencontrer, entre autres difficultés, les obstacles qu'opposent l'ignorance et l'incrédulité. La première chose à laquelle doivent s'attacher les directeurs, c'est donc de gagner la confiance et d'éloigner les préventions. Mais comment y parvenir? Je réponds : en procédant pas à pas, lentement, par tentatives, en s'attachant d'abord seulement aux points saillants pour les prévisions du temps. Par points saillants, j'entends ces grandes commotions de l'atmosphère qui s'étendent au loin, et dont les sinistres marquent la route. Au début, on doit surtout se proposer de suivre dans leur marche et d'annoncer ces désastreuses tempêtes, plutôt que de chercher à donner des prévisions journalières.

» Pour de tels avertissements, la position géographique de Paris est préférable à celle de Londres. Paris peut placer des sentinelles au N., au S., à l'E. et à l'O., de manière à ce qu'aucune tempête ne puisse franchir leurs lignes sans être signalée au quartier général, qui, après une pratique rapidement acquise, signale avec certitude aux points menacés la vitesse et la direction du phénomène. Il n'en est pas ainsi pour Londres, qui ne peut avancer les sentinelles que dans un petit espace, vers le N., l'O. et le S., et, par

sera frappé du rapport qui existe entre les vues de Maury et le système que nous n'avons cessé de recommander.

Nous retenons avec soin ces opinions, parce qu'elles ont été pour beaucoup dans la persévérance avec laquelle nous avons poursuivi l'établissement du service du soir, nonobstant les difficultés d'exécution qui sont intervenues et qui n'ont pas été moindres que pour l'établissement du service du matin.

---

suite, n'est pas favorablement situé pour être le principal centre d'un système général de prévisions du temps....

. . . .

» On sait que certaines tempêtes traversent l'Atlantique, ou ont de longs trajets sur les continents, qu'elles parcourent avec une vitesse qui souvent ne dépasse pas la marche ordinaire d'un bâtiment à vapeur. Or les avant-postes de Paris peuvent être placés depuis le N. de la Russie jusqu'à l'extrême S. de l'Europe, et même au delà de la Méditerranée, tandis que longitudinalement, ils peuvent s'étendre des Iles-Britanniques jusqu'à la mer Caspienne. Entre ces limites la tempête peut régner, comme cela arrive en Amérique, pendant plus d'une semaine. Il est donc possible au bureau de Paris de donner quelquefois à certains districts des avertissements une semaine à l'avance.

» Je vous ai dit que les pionniers dans cette nouvelle branche de la météorologie devaient avancer avec prudence, afin d'obtenir une confiance générale, sans laquelle leurs avertissements seraient aussi vains que les anciennes prophéties. Ceux qui entreprennent de prédire le temps doivent toujours se rappeler qu'il ne leur suffit pas d'acquérir la connaissance et l'expérience nécessaires, mais qu'il leur faut aussi inspirer à chacun la confiance dans leurs prévisions, en ne publiant, autant qu'il est possible, que des prévisions utiles. Les prévisions de cet ordre sont aujourd'hui rares. Elles se bornent à l'annonce des perturbations exceptionnelles pour leur intensité et l'étendue de leur influence....

. . . .

» J'espère que le Bureau de Paris, éclairé par l'expérience, ne perdra pas de vue les principes suivants, que peu de personnes, je crois, contesteront :

» Les côtes d'Europe sont visitées, à des périodes indéterminées, par des perturbations atmosphériques qui se font sentir sur une vaste étendue, et qui produisent des désastres, aussi bien dans l'intérieur des terres que le long des côtes. Une connaissance certaine de ces perturbations peut sauver la vie et la propriété à des milliers de personnes. De telles tempêtes ont leur trajectoire que l'observation peut déterminer, et leur vitesse moyenne de progression permet aux avertissements télégraphiques de les précéder. Il y a donc des points auxquels ces avertissements peuvent être transmis en temps utile, par des bureaux tels que ceux de Londres et de Paris, qui centralisent le service météorologique.

» Il y a d'autres perturbations d'un caractère plus local, circonscrites dans leur influence, qui, quant à à présent, ne paraissent pas pouvoir être prévues avec une exactitude suffisante.

» La prétention de prédire chaque coup de vent ne paraît pas devoir s'élever dans l'état actuel d'une Science, encore naissante, mais qui cependant, grâce aux connaissances et à l'expérience déjà acquises, principalement par l'Amiral Fitz-Roy, est apte à prédire avec certitude les tempêtes les plus redoutables. On pourra sans doute plus tard étendre ces prévisions aux coups de vent moins violents, lorsqu'elles seront appuyées sur des informations plus exactes et plus complètes. Mais maintenant il faut surtout que les Bureaux météorologiques fondent leur bienveillante influence sur un petit nombre de prévisions très-sûres, qu'on pourra progressivement multiplier, de manière à comprendre chaque variation atmosphérique de quelque importance, à mesure que se multiplieront les résultats positifs et que s'établira la confiance aux prévisions du temps. »

M. Kupffer nous écrit dès le mois de février : « Je m'empresse de vous annoncer que notre Ministère de la Marine a pris un vif intérêt aux études sur les tempêtes basées sur vos télégrammes météorologiques, et que, grâce au concours de ce Ministère, j'ai organisé, à l'Observatoire physique central, un Bureau météorologique semblable au vôtre. Nous publierons chaque jour un bulletin météorologique pour la Russie comme vous en publiez pour l'Europe; il sera aussi accompagné d'une carte météorologique. L'officier de marine, M. Freskowsky, placé sous mes ordres pour diriger ce travail, viendra vous visiter à Paris pour prendre connaissance de l'organisation de votre Bureau. »

A la date du 1er août, S. Exc. le Ministre de la Marine du royaume d'Italie nous fait l'honneur de nous écrire :

« Le Bulletin météorologique que vous faites parvenir journellement à notre Ministère a été d'une très-grande utilité pour la navigation sur les côtes du royaume; aussi nous avons pris des dispositions nécessaires pour en assurer la publicité en temps opportun et communiquer aux marins un avis pour leur servir de règle....

» Nous remplissons un devoir en vous envoyant une copie des dispositions dont il a été question plus haut. Elles démontreront plus clairement que tout ce que nous pourrions dire l'importance attachée par notre Ministère à votre Bulletin. — Le Ministre de la Marine, E. CUGIA. »

Suivent les dispositions générales destinées à assurer la transmission et la publicité des annonces météorologiques de l'Observatoire impérial de Paris, en attendant que le service météorologique et celui des sémaphores sur les côtes du royaume soient organisés par les Commissions qu'a nommées à cet effet le Ministre des Travaux publics.

Mouvements généraux de l'atmosphère. — Observations à la mer.

Notre réseau continental étant à peu près complet, il devenait opportun, comme on l'avait prévu dès 1855, d'étendre les observations à la surface de l'Océan et des mers intérieures. A cet effet, nous nous adressons, le 29 janvier, à M. le Ministre de la Marine, et nous envoyons aux Chambres de Commerce des grands ports la circulaire suivante :

« L'étude des tempêtes et leur prévision dans l'intérêt de la Marine constituent une œuvre fort complexe, et dans laquelle l'observation et la théorie se prêteront un mutuel concours.

» L'entreprise est difficile, les phénomènes atmosphériques étant des plus impénétrables, non-seulement en raison de la multiplicité des actions dont ils dépendent, mais à cause de l'immense étendue des pays sur lesquels ils se développent, et qui ne permet que rarement d'en embrasser l'ensemble.

» La carte atmosphérique de l'Europe, construite chaque jour, résume la situation, et il est permis de croire qu'en considérant avec attention la succession des états atmosphériques qu'on est désormais à même de suivre, on parviendra peu à peu à d'importantes conclusions. La publicité donnée à nos cartes a pour objet de faire que tous ceux qui le désirent puissent profiter de notre travail diurne et contribuer à notre œuvre d'ensemble en tournant leurs réflexions vers ces importantes questions.

» Malheureusement nos cartes n'embrassent que l'Europe, ce qui ne suffit pas : elles ne contiennent rien de ce qui se passe à la surface de l'océan Atlantique ; et l'on doit d'autant plus le regretter, que la plupart des tempêtes qui nous assaillent semblent prendre leur origine dans ces parages.

» Les navires qui sillonnent l'Atlantique sont autant d'Observatoires dont la position est connue, en général, avec une exactitude suffisante pour le but qu'on se propose. Les gros temps, les aires de vent sont notés sur le livre de bord, et quand à ces indications générales est jointe la hauteur d'un baromètre, qui malheureusement ne se trouve pas toujours à bord, on se trouve en possession de tous les éléments de discussion nécessaires.

» Nous nous adressons donc, ici, aux Chambres de Commerce, aux armateurs et à MM. les Officiers de Marine eux-mêmes, suivant les circonstances, pour obtenir d'eux communication des livres de bord. Nous rendrons dans le plus bref délai ceux qui nous seront confiés. Si l'on veut bien prendre la peine de relever et de nous transmettre les seules circonstances concernant les tempêtes, la position du navire (longitude et latitude), la direction et la force du vent, l'état de la mer, la hauteur du baromètre quand on possède cet instrument, nous en serons reconnaisants.

» Dans l'intérêt des études à venir et de la sécurité actuelle de la navigation, nous prendrons la liberté de demander aux armateurs de navires de les pourvoir d'un baromètre, dont les indications régulièrement constatées seraient inscrites sur le livre de bord. Cette habitude serait précieuse à un double titre : le marin en mer en tirerait souvent des avertissements d'une utilité immédiate ; plus tard les données ainsi recueillies serviraient à la découverte des lois les plus simples, dont la Marine serait la première à profiter.

» Suivant les réponses qui nous seront faites et les avis qu'on voudra bien nous donner, nous entrerons dans de nouvelles explications et nous formulerons, s'il y a lieu, un plan d'ensemble. »

M. le Ministre de la Marine agrée notre demande, et les Chambres de Commerce y adhèrent avec le même empressement qu'elles avaient déjà mis à accueillir les avertissements télégraphiques.

La Chambre de Bordeaux va plus loin : « Afin, dit-elle, de stimuler le zèle des marins, nous avons délibéré qu'à la fin de chaque année nous donnerons en prix, au Capitaine qui nous aura remis le travail le plus satisfaisant, un instrument de marine dont la valeur pourra être de 300 francs. Cette récompense produira, nous n'en doutons point, de fort bons effets, et nous engagerons tous les Capitaines de notre port à se mettre en mesure de la mériter. » Le prix de la Chambre de Bordeaux a été depuis lors décerné chaque année.

En conséquence, avec le délégué de la Marine, M. le Commandant Mouchez, nous préparons le modèle des feuilles à remplir par MM. les Capitaines des bâtiments (*voir* en note) (1). Ces feuilles sont à la date du 31 mars envoyées par le Ministre de la Marine dans les ports militaires et de commerce pour être distribuées

---

(1) *Feuilles d'observations météorologiques à la mer.*

SERVICE MÉTÉOROLOGIQUE DE L'OBSERVATOIRE IMPÉRIAL DE PARIS.

OCÉAN ATLANTIQUE NORD ET MÉDITERRANÉE.

Le *allant de* *à* *commandé par*

Mois d 186 .

ÉCHELLE DU VENT.

0. — Calme.
1. — Presque calme.
2. — Faible brise.
3. — Petite brise.
4. — Jolie brise.
5. — Bonne brise.
6. — Forte brise.
7. — Grand frais.
8. — Coup de vent.
9. — Tempête.

(En temps ordinaire, inscrire les observations deux fois par jour, à 8^h du matin et 4^h du soir; en cas de mauvais temps, on pourra les multiplier selon les circonstances.)

DATES.		POSITION.		BAROMÈTRE.	THERMOMÈTRE.	VENT.		ÉTAT	
JOUR.	HEURE.	LATITUDE.	LONGITUDE.			DIRECTION.	FORCE.	DE LA MER.	DU CIEL.

NOTA. Chaque feuille remplie sera pliée comme une lettre et envoyée en France par la première occasion que l'on rencontrera.

Au commencement et à la fin de la campagne, on vérifiera le baromètre, en le comparant à celui du capitaine de port ou de l'observatoire.

en nombre suffisant aux Capitaines de tous les navires en partance. Par une dépêche du 4 novembre, Son Excellence recommande de nouveau l'exécution ponctuelle de ses prescriptions, et recommande aux Commandants des bâtiments de l'État et aux Capitaines des navires du Commerce de lui transmettre leurs feuilles au fur et à mesure qu'elles seront remplies.

Les exigences du Programme sont fort restreintes. Il ne faut décourager personne, surtout en commençant. D'ailleurs, quand il s'agit de suivre l'ensemble des phénomènes sur l'étendue considérable de l'Océan, mieux valent un grand nombre d'observateurs travaillant sur tous les points à la fois avec une exactitude suffisante, qu'un petit nombre d'observateurs multipliant leurs constatations avec une rigueur irréprochable. Les travaux exécutés avec une précision scientifique ont d'ailleurs été accueillis et récompensés.

Nous avons ainsi reçu les journaux météorologiques des traversées d'un grand nombre de navires français de la Marine impériale ou du Commerce exécutées pendant l'année 1864. Nous en donnerons plus loin la liste, suivant notre usage de citer autant que possible tous ceux qui nous prêtent leur concours.

La Compagnie des services maritimes des Messageries impériales nous envoie depuis cette époque le Rapport de ses paquebots de la Méditerranée, du Brésil et de l'Indo-Chine.

Le Directeur de l'Observatoire d'Utrecht, M. Buys-Ballot, nous écrit à la date du 11 décembre : « J'ai vu avec beaucoup d'intérêt qu'on envoie à l'Association météorologique et astronomique les journaux d'observations tenus à bord de quelques navires; vous savez sans doute qu'en Hollande nous avons résumé plus de mille de ces journaux renfermant des observations, qui, toutes, ont été faites avec des instruments comparés. Si vous le désirez, je suis à même de vous procurer des tableaux renfermant la température de l'air ou de l'eau, la hauteur barométrique, la direction du vent observées à un même point de la mer, pour chaque mois de diverses années: le tout est distribué dans des colonnes spéciales. Ainsi, pour tous les points de l'Océan situés sur le trajet habituel de nos ports aux îles orientales, Java, et à l'Australie, nous connaissons et nous avons publié dans des cartes synoptiques, pour chaque mois de l'année, l'état moyen du vent et de la mer, aussi exactement que cela peut se déduire de ces mille journaux.

» Vous voyez donc que nous tâchons d'être en état de coopérer avec vous au grand but. »

En publiant cette offre libérale de M. Buys-Ballot, dans le Bulletin, nous ajoutions : « Les marins reconnaissent la grande part prise par les Pays-Bas dans l'œuvre commune qui a eu pour résultat les livres du commandant Maury. Les documents recueillis à cette occasion par la Marine hollandaise nous seront de la plus grande utilité. Nous désirons donc que M. Buys-Ballot puisse nous faire parvenir ceux de ces journaux de bord qui se rapportent aux dernières années (1863 et 1864), ainsi que ceux qu'il recevra à l'avenir.

» Le concours de la Marine française nous est déjà depuis longtemps assuré. Celui des navigateurs hollandais nous étant acquis, si, comme nous n'en doutons pas, les autres Marines étrangères voulaient bien nous aider dans l'étude de la formation et de la marche des tempêtes, nous aurions bientôt dans les mains un nombre de documents suffisants pour arriver à des conclusions certaines. »

Rappelons ici que l'Association scientifique a fondé cinq prix annuels de 300 francs chacun, en faveur des marins qui rapporteront les observations les plus précises sur le temps à la mer, et que les marins de toutes les nations sont admis à ce concours. Le nombre des prix pourrait être augmenté s'il y avait lieu.

Étude des orages.

L'étude des orages a été provoquée par la Lettre suivante que nous adressions nous-même, à la date du 16 août, à nos collègues les Présidents des Conseils généraux :

« Monsieur le Président et honoré Collègue, l'étude de la Météorologie n'a pas conduit, dans le passé, aux résultats théoriques et pratiques sur lesquels on avait cru pouvoir compter. Il n'y a pas lieu de s'en étonner. On s'est trop attaché à des détails lorsque les grandes lois des mouvements de l'atmosphère sont à peine soupçonnées. L'histoire des sciences nous montre que l'examen des phénomènes de la nature doit toujours commencer par ceux qui, s'accomplissant sur une plus grande échelle, ne sont pas altérés dans leurs résultats généraux par mille causes secondaires.

» L'observation et la discussion des phénomènes de notre atmosphère sont, il est vrai, fort difficiles, surtout parce qu'on doit embrasser à la fois une grande étendue, sinon toute la surface de la Terre. Les alizés nord et sud, le courant aérien de retour, les courants polaires, les courants marins, le *gulf stream*, et les causes principales de ces mouvements, l'action du Soleil, l'échauffement des continents, la rotation de la Terre, tout doit être pris en considération. Et quant aux observations, mieux vaudraient des faits constatés partout à la fois, pendant le cours d'une seule année, que quelques observations éparses poursuivies pendant un siècle.

» De grands progrès ont déjà été accomplis dans cette voie. Un ensemble d'observations, recueillies chaque jour sur divers points de l'Europe, viennent se concentrer à Paris, où elles sont discutées. On en déduit des prévisions que le télégraphe reporte aux diverses Capitales et de là sur toutes les côtes, depuis Cherbourg jusqu'à Gibraltar, de Barcelone à Naples et dans l'Adriatique, dans la mer du Nord et la Baltique et jusque dans la mer Noire. Le Ministre de la Marine d'Italie réglementait hier dans les ports du royaume l'emploi des prévisions télégraphiques adressées par la France, et la Russie s'entendait avec l'Autriche pour que ces avis puissent arriver sans retard à Odessa et à Nicolaïef. La Norvége réclame la reprise des communications interrompues par la guerre.

» Quelque vaste qu'elle soit, cette organisation s'est promptement trouvée insuffisante, et il a fallu étendre les études à la surface de l'Atlantique. La marine impériale de France s'y emploie avec empressement : le Portugal organise les Açores, l'Espagne les Antilles. Mais cela même n'eût pas suffi encore, si la Marine du Commerce n'avait entendu l'appel qui lui a été fait et n'avait donné un puissant concours individuel Il n'est guère de bâtiment sillonnant l'Atlantique ou la Méditerranée qui ne rapporte aujourd'hui des observations précieuses. Ces observations, relevées à mesure qu'elles arrivent, contribuent à la formation d'un Atlas des tempêtes qui offre un grand intérêt et qui devrait à la fin de chaque année être publié.

» Ces travaux européens, dont profite la Marine, ne doivent pas nous faire perdre de vue l'ensemble de la France. Le moment semble venu d'étudier les phénomènes généraux de son climat.

» Nous n'avons pas à distinguer entre la science et ses applications. Constituons l'une, et les autres viendront d'elles-mêmes. On connaît les services rendus par les Commissions hydrométriques des bassins du Rhône et de la Meuse. Naguère nous aidions le Mecklembourg dans ses récoltes en le prévenant de l'arrivée des pluies.

» La marche à suivre est d'ailleurs tracée; il faut multiplier les observations sur tous les points du territoire, pendant une période de temps dont l'expérience fixera la durée.

» M. le Ministre de l'Instruction publique a bien voulu accepter que les jalons principaux de ce travail fussent placés dans les Écoles normales, et il a demandé aux Conseils généraux un concours qui n'entraîne pour chacun d'eux qu'un sacrifice extrêmement modique de 250 francs pour achat d'instruments.

» Mais là s'arrête l'État, et si d'autres besoins se révèlent, nous devons y pourvoir par les soins de l'Association scientifique récemment constituée.

» Or, Monsieur le Président, pour l'étude d'une des questions les plus importantes, les orages, qui chaque année font tant de mal aux campagnes, une station par département est absolument insuffisante. Il en faudrait une par canton au moins. Veuillez ne pas vous en effrayer : ces stations secondaires ne coûteront à établir que de la bonne volonté, qui ne fait jamais défaut.

» Les orages qui parcourent d'assez longues distances, toute la longueur de la France quelquefois, n'occupent en général qu'une largeur assez restreinte : ils passeraient entre les chefs-lieux des départements sans être constatés; tout au moins leur marche, leur gravité, leur étendue resteraient inconnues, et leur étude serait, comme par le passé, impossible.

» De là l'indispensable nécessité de multiplier les observateurs, sans qu'on doive pour cela les pourvoir d'instruments. Ce qu'il faut seulement, ce sont des témoins éclairés qui veuillent bien constater l'arrivée, la fin de l'orage, son intensité, la pluie et la grêle tombées, l'intervention du tonnerre et des éclairs dans ces bourrasques, le point de l'horizon d'où elles sont venues, celui où elles vont.

» Il nous a semblé, Monsieur le Président, que si MM. les Conseillers généraux consentaient à prendre en main cette grande enquête, chacun dans le canton qu'il représente, nous arriverions promptement à des résultats complets et importants. Chacun de nos Collègues voudrait bien s'assurer le concours d'une ou plusieurs personnes, suivant l'étendue du pays, parmi les maires, les curés, les instituteurs, etc. Les documents seraient adressés à la Préfecture, et de là au Ministre de l'Instruction publique ou à celui de l'Intérieur. Leurs Excellences s'intéressent également à la réussite d'entreprises à la fois scientifiques et agricoles.

» Je vous prie, Monsieur le Président, de soumettre ces vues et ces propositions à MM. les Conseillers généraux et de me faire connaître s'ils les agréent. Nous donnerons alors toutes les instructions qui sembleront nécessaires. »

Un grand nombre de Conseils généraux voulurent bien également accueillir ces vues et quelques-uns même pourvurent immédiatement à l'organisation du réseau cantonal. Nous entrerons ici dans peu de développements à ce sujet, parce qu'on trouvera ce qui est nécessaire dans le préambule de l'Atlas des orages de l'année 1865 publié avec le concours de l'Association scientifique de France (1).

Nota. — Nous devons placer au rang des institutions qui ont favorisé le déve-

---

(1) Voici seulement deux des réponses de MM. les Présidents :

« *Saint-Étienne.* — J'ai fait part à MM. les Membres du Conseil général de la Loire de votre désir d'organiser dans chaque canton une station d'observations météorologiques. Je m'empresse de vous informer que vos propositions sont agréées par tous mes Collègues; j'ai l'honneur de vous en adresser la liste d'autre part. — *Signé :* DE PERSIGNY. »

« *Limoges.* — Le Conseil général de la Haute-Vienne s'est occupé de votre intéressante communication et a pris une délibération pour vous en remercier, en y joignant une recommandation adressée au Préfet, qui est chargé d'étudier les moyens pratiques d'organiser dans nos cantons les observations météorologiques. — *Signé :* DE LA GUÉRONNIÈRE. »

loppement des études météorologiques la fondation de l'Association scientifique de France. Bien que cette Société ait étendu peu à peu son action sur toutes les sciences, elle n'a pas oublié qu'à son début elle s'était occupée exclusivement de la Météorologie. Par des subventions, par des prix, elle a encouragé les observations à la mer et leur discussion, les observateurs des orages et des grêles, les travaux utiles à l'agriculture et l'étude des lieux mal connus. C'est l'Association scientifique qui a édité l'Atlas des orages de 1865, l'Atlas météorologique de 1866, comme aussi le présent Atlas des grands mouvements de l'atmosphère.

1865.

Observations régulières dans les Écoles normales.

L'organisation des observations météorologiques ayant fait d'assez grands progrès, le Ministre de l'Instruction publique, sur notre proposition, organise définitivement le service par la circulaire suivante, adressée le 27 février à MM. les Directeurs des Écoles normales :

« *Monsieur le Directeur,* dans ma circulaire du 3 septembre dernier, adressée à M. le Recteur de l'Académie, j'exprimais le désir de voir les Écoles normales de l'Empire prendre part aux travaux météorologiques dont l'Observatoire de Paris est le centre. Je suis heureux d'avoir à vous remercier dès aujourd'hui de l'empressement avec lequel vous avez répondu à mes intentions. Vous avez compris, Monsieur le Directeur, l'importance des observations météorologiques, tant au point de vue général de la science qu'au point de vue de l'instruction particulière de vos élèves maîtres et des services qu'ils seront à même de rendre plus tard aux communes, dans l'exercice de leurs fonctions d'instituteurs. J'attends de votre dévouement, de la bonne volonté de vos collaborateurs et de l'assiduité de vos élèves, la continuation régulière des constatations que je vous ai confiées. Je joins à cette lettre :

» 1° Un exemplaire des instructions rédigées par l'Observatoire impérial, afin de donner plus de précision à l'installation des appareils et à la conduite des observations (brochure de 20 pages);

» 2° Vingt-six feuilles de tableaux mensuels d'observations; treize de ces feuilles devront être réunies en un registre destiné à l'inscription de vos observations quotidiennes. Le registre sera conservé dans vos archives. Les autres feuilles serviront à vos envois mensuels. »

Les observations sont dès lors faites chaque jour au nombre de six. Le 8 août, le Ministre écrit encore à ce sujet aux Directeurs des Écoles : « Pour déterminer le mouvement diurne des divers phénomènes barométriques, thermométriques, on n'a réclamé que les six observations, de *six heures* du matin à *neuf heures* du soir, encore bien que les observations de nuit fussent en toute rigueur indispensables. On pense qu'avec les six observations fournies, auxquelles il faut joindre celles des maxima et minima thermométriques, il sera possible de suppléer à ce qui manque, de fermer le cercle journalier et de restituer ainsi les observations de minuit et 3ʰ du matin. Et toutefois il sera nécessaire que chaque année, et pendant une certaine période, quelques Écoles acceptent la tâche d'effectuer en réalité ces observations de minuit et de 3ʰ du matin, afin de fournir un contrôle du mode de discussion du système des six observations.

» Un travail scientifique ne se prescrit pas. Il suffit d'en faire comprendre l'utilité pour être certain qu'il trouvera des hommes qui voudront l'exécuter. Je verrai donc avec plaisir, les Écoles normales qui le pourront, organiser pour une année les observations de minuit et 3ʰ du matin, ainsi que l'ont déjà fait les Écoles de Nice, Tulle, Versailles. »

Dix-sept écoles ont immédiatement répondu à cet appel, savoir : Nice, Versailles Tulle, Villefranche, Blois, Montauban, Carcassonne, Chaumont, Clermont, Montpellier, Parthenay, Perpignan, Laon, Foix, Gap, Montbrison, Grenoble.

Au mois d'août 310 instruments ont été vérifiés. L'observation est organisée dans soixante écoles.

Études ozonoscopiques de l'air. — Dans l'automne de cette année, le choléra envahissait la France. Sans croire à l'influence de l'ozone de l'air sur la marche de l'épidémie, nous pensâmes que les circonstances étaient propices pour entreprendre des expériences décisives et qu'il ne fallait pas les négliger.

Le 1ᵉʳ septembre, du fond de la Normandie, nous écrivons au Ministre de l'Instruction publique, pour lui proposer de faire exécuter immédiatement des observations ozonoscopiques dans les Écoles normales. Le 2 septembre, le télégraphe nous apporte cette réponse : « *J'approuve, Signé*. »

En conséquence nous adressons à MM. les Préfets la lettre suivante :

« Monsieur le Préfet, au moment où l'on constituait les études météorologiques, une Commission de médecins fut appelée à donner son avis sur ce qui lui semblerait le plus important au point de vue de l'hygiène. Elle recommanda surtout la détermination de l'état électrique de l'air et la constatation correspondante de la santé publique.

» Déjà l'étude des orages électriques a été organisée, elle conduit rapidement à d'importants résultats.

» Nous vous demandons aujourd'hui d'ajouter aux observations la simple constatation du changement de couleur d'un papier réactif impressionnable à l'air. Bien que ce phénomène soit encore mal défini, il importe de l'étudier parce que tout porte à croire qu'il peut être en rapport avec les propriétés hygiéniques de l'air ; et celles-ci sont elles-mêmes si mal connues qu'il ne faut négliger aucune indication paraissant susceptible de les faire découvrir.

» L'observation du papier ozonométrique sera faite sans peine dans les Écoles normales déjà organisées pour les études météorologiques. Comme elle charge peu les observateurs, quelques Membres des Commissions départementales voudront peut-être s'en occuper eux-mêmes.

» Sur notre demande, M. le Préfet de la Seine a bien voulu, pendant les derniers mois, faire exécuter ces études sur 22 points de la Capitale, par une Commission spéciale, et c'est ce qui nous permet de vous présenter un arrangement prompt et pratique.

» Vous trouverez ci-joint une instruction destinée aux observateurs.

» Mais puisque nous entrons ainsi dans la voie réclamée par le corps médical, il importe que les *Commissions d'hygiène* fournissent leurs Rapports régulièrement et sans délai, ainsi que l'a demandé M. le Ministre de l'Instruction publique. Les Rapports de ces Commissions ne demeureront pas sans emploi, surtout si, empruntant les documents météorologiques aux Écoles normales et aux Commissions départementales des orages, elles veulent bien effectuer elles-mêmes la comparaison de l'état sanitaire avec les circonstances atmosphériques. L'œuvre serait ainsi départementale, comme celle de l'étude des orages. »

Nous écrivions en même temps à MM. les Directeurs des Écoles normales. Les observations furent immédiatement organisées avec activité, et, dans beaucoup de départements, l'Administration établit même un certain nombre de stations dans les différentes villes. Les observations affluèrent donc à l'Observatoire, et l'on put, grâce à elles, constater promptement que la marche du choléra et les indications des papiers ozonoscopiques ne paraissaient avoir aucun rapport entre elles. En présence de ces résultats négatifs, nous demandâmes aux Commissions de continuer néanmoins leurs observations pendant une année révolue. D'autres questions relatives à l'influence des saisons ont en effet été soulevées, et leur solution pourra être ainsi obtenue.

Analyse des eaux de pluie. — Au commencement d'octobre, nous venions de traverser une longue sécheresse qui semblait devoir bientôt cesser. Sur la suggestion de M. Barral et avec l'autorisation de M. le Ministre de l'Instruction publique, nous invitâmes ainsi qu'il suit MM. les Directeurs des Écoles normales des départements à recueillir les premières eaux de pluie qui viendraient à tomber :

» Monsieur le Directeur, l'expérience a déjà montré que l'analyse des eaux de pluie est un moyen puissant pour déceler l'existence des corps étrangers qui peuvent se trouver diffus dans notre atmosphère. En toute circonstance, après une aussi longue sécheresse il serait intéressant d'examiner l'air atmosphérique, et cela paraît encore plus important dans les conditions hygiéniques où l'on se trouve aujourd'hui.

« Je vous prie donc, conformément aux intentions du Ministre, de recueillir les premières eaux de pluie qui tomberont et de les expédier de suite à Paris, où elles seront immédiatement analysées (1). Vous voudrez bien vous conformer pour cette opération aux instructions suivantes.... »

MM. les Directeurs des Écoles répondirent avec la plus grand empressement à notre demande. Nous n'avons pas reçu d'eux moins de deux cents échantillons des premières eaux qui tombèrent sur les divers points de la France. Tous ces échantillons furent remis à M. Barral : nous regrettons vivement que notre Collègue n'ait pas terminé son travail.

Avertissements aux ports.

J'ai dit que, dès le commencement de 1864, nous avions eu, avec M. le Maréchal Vaillant, une discussion au sujet des présages journaliers. Son Excellence eût préféré qu'on se bornât à annoncer la tempête quand elle était imminente. Ce sujet fut repris en 1865 par M. Matteucci dans une Note qu'il adressa à notre Académie des Sciences, et qui fut communiquée dans la séance du 1er mai. Notre Collègue eût voulu, comme M. le Maréchal Vaillant, qu'on cessât de donner des présages journaliers qui n'étaient point, suivant lui, suffisamment précis, soit qu'ils vinssent de Londres ou de Paris ; surtout, M. Matteucci pensait que le service serait mieux fait pour chaque pays en particulier par des Bureaux secondaires.

La mort de l'éminent Amiral Fitz-Roy survint précisément le 3 mai, et en raison de cette circonstance, je me trouvai seul chargé du poids de la discussion. Ma réponse à M. Matteucci se trouve au *Compte rendu* de la séance du 26 juin. Les appréciations qu'on a faites du service de l'Amiral Fitz-Roy et du nôtre, sous le rapport de l'exactitude, ne sont pas légitimes. Le moment approche, du reste, où l'on va se trouver en mesure de donner au service une nouvelle précision (2).

---

(1) Par une Lettre en date du 7 octobre nous demandons à M. le Préfet de la Seine de prescrire aux agents de l'octroi de ne pas ouvrir les colis adressés par les Écoles normales.

Le même jour, la Préfecture m'informe que les ordres nécessaires sont déjà donnés.

(2) M. Dumas a fait connaître à cette occasion que Lavoisier s'était occupé de la possibilité de prédire le temps au moyen d'observations météorologiques exactes et simultanées, et qu'il avait donné à la création des observatoires et des instruments nécessaires des soins personnels très-sérieux.

Dans une première Note, Lavoisier expose que les premières observations de Borda à ce sujet l'ayant

Le 24 juillet, en effet, j'expose à l'Académie l'état présent de notre service, et qu'il a reçu un complément important :

« Chaque jour, disons-nous, nous arrivent, des différentes parties de l'Europe, soixante-dix dépêches télégraphiques; elles parviennent entre 9^h et $11^h 30^m$ du matin; plus tard elles ne pourraient entrer dans le service du jour.

» Les hauteurs barométriques sont immédiatement réduites au niveau de la mer. Cette réduction est sujette à une très-légère incertitude qui affecte également tous les modes auxquels on pourrait avoir recours, mais n'a heureusement aucune influence sur le but qu'on se propose.

» Avec les observations ainsi réduites et sans s'arrêter aux différences d'heures provenant des différences en longitudes, ce qui n'offre aucun inconvénient, on trace sur une carte d'Europe les courbes d'égales pressions barométriques, et aussi la direction et la force des vents.

» L'étude de ces cartes, dont nous présentons de nombreux spécimens, étant faite suivant certaines règles, permet d'en déduire les présages du temps pour le lendemain, présages qui sont immédiatement, entre midi et 1^h, expédiés à toutes les côtes de France et aux Capitales des divers pays de l'Europe avec lesquels nous sommes en relations.

» En même temps les observations venues de tous les points de l'Europe sont autographiées. Il en est de même de la carte à laquelle elles ont donné lieu, des dépêches en prévision du temps et de certains documents météorologiques et astronomiques qu'il est utile de publier. Le tout constitue un Bulletin quotidien de quatre pages in-folio, livré à la presse à $2^h 30^m$, et expédié régulièrement le même jour à nos correspondants. L'éditeur est autorisé à en délivrer des copies pour le prix du papier et du tirage. Ce Bulletin est l'œuvre de tous nos collaborateurs, et par ce motif nous lui avons donné le titre de *Bulletin international*.

---

frappé par leur importance, il s'entendit avec lui pour ouvrir des conférences auxquelles prirent part de Laplace, d'Assy, Vandermonde, de Montigny, etc.

Il s'agissait d'établir des instruments et surtout des baromètres comparables sur un grand nombre de points de la France, de l'Europe, et même de l'Univers. Nombre de ces instruments furent distribués par Lavoisier, et, quand on en a lu la description, il n'est pas difficile de s'assurer que quelques châteaux possédaient encore, il y a peu d'années, des instruments donnés par lui à cette occasion.

Lavoisier reproduit dans une seconde Note les règles pour prédire le temps, et il conclut en ces termes : « que la prédiction des changements qui doivent arriver au temps est un art qui a ses principes et ses règles, qui exige une grande expérience et l'attention d'un physicien très-exercé; que les données nécessaires pour cet art sont : 1° l'observation habituelle et journalière des variations de la hauteur du mercure dans le baromètre, la force et la direction des vents à différentes élévations, l'état hygrométrique de l'air. Avec toutes ces données, il est presque toujours possible de prévoir un jour ou deux à l'avance, avec une très-grande probabilité, le temps qu'il doit faire; on pense même qu'il ne serait pas impossible de publier tous les matins un journal de prédiction qui serait d'une grande utilité pour la société. »

« Les cartes d'ensemble servant aux prévisions font connaître l'état de l'atmosphère en Europe. Pour les pressions, ce sont des données absolues; pour les vents observés à la surface de la Terre, influencés souvent par les circonstances locales, la considération de leur ensemble peut seule conduire à la connaissance de l'état général.

« Un bureau central et européen, pour cette partie du service international, paraît indispensable. En jetant les yeux sur les cartes de pressions, on voit de suite que les courbes qui embrassent toute la surface de l'Europe n'auraient plus leur signification précise si elles étaient réduites à la moitié. L'Europe est la plus petite partie de la surface de la Terre à laquelle on puisse se restreindre. La France remplit ici le rôle de premier occupant; sa situation géographique le lui donnerait même naturellement. Nous avons cité ce que dit à cet égard M. le Commandant Maury.

« Les dépêches en prévision ne sont du reste adressées à l'étranger qu'aux Capitales : en Italie, par exemple, au Ministre de la Marine, à Florence. Là, avec la connaissance plus parfaite des circonstances locales, on peut s'en servir pour rédiger des avertissements concernant les différentes côtes : et c'est encore pour faciliter ce travail que les dépêches en prévision sont accompagnées de l'envoi télégraphique d'un résumé de l'état météorologique présent de l'Europe. En sorte que la dépêche en prévision du temps peut être contrôlée par chacun comme il l'entend.

« Kupffer, au moment de sa mort, s'occupait de l'organisation d'un service de prévisions pour les côtes de la Russie : les officiers envoyés à cette occasion par le Gouvernement russe ont pu prendre connaissance autant qu'ils l'ont désiré des conditions du service de Paris. Dove, à Berlin, vient d'établir un service d'avertissements. Nul doute que la Commission due aux vues libérales du Gouvernement italien n'arrive à rendre à la péninsule de grands services.

« En France même, deux ingénieurs distingués, MM. de Mardigny et Poincaré, ont voulu organiser pour le bassin de la Meuse un service de prévisions quotidiennes, pour lequel des conventions ont été faites entre les départements voisins. Chaque jour nous adressons à ces messieurs, à Bar-le-Duc, les documents qui peuvent leur être nécessaires, et par leur discussion ils arrivent à d'excellents résultats, ainsi que le montre un tableau comparé des prévisions et des temps effectifs.

« A l'égard de la marche à suivre pour les avertissements, on se trouve en présence de conseils systématiques et diamétralement opposés. Les uns voudraient qu'on attendît qu'une tempête se présentât, pour la signaler partout à la fois; tandis que les autres affirment que cette marche serait exclusive de toute science, et qu'il faut, en étudiant l'état actuel de l'atmosphère, prédire le temps vingt-quatre ou quarante-huit heures à l'avance.

» A l'origine j'étais un peu de l'avis des premiers; mais l'expérience m'a montré qu'il fallait se garder d'être exclusif et éviter avec soin les extrêmes. On pourrait attendre, pour prévenir les côtes, que la tempête se manifestât, si elle marchait comme un flot qui s'avance progressivement; et encore y aurait-il nécessairement ainsi des côtes qui ne seraient pas averties, et ce serait toujours les côtes ouest, en sorte qu'un pareil système ne serait d'aucune utilité pour nos ports de l'Océan. Mais d'ailleurs ce mouvement n'est pas le plus souvent celui de la tempête : habituellement, disons-nous, on se trouve en présence de mouvements tournants de grande étendue.

» La connaissance de la situation du centre de dépression et de sa marche peut heureusement permettre de formuler des prévisions qui sont assez exactes, quand on ne veut les étendre qu'à vingt-quatre heures, mais qui seraient sujettes à bien des déceptions quant à présent, si l'on voulait les étendre plus loin.

» Il m'a donc semblé qu'on se conformerait à toutes les règles de la prudence, si, pour des circonstances exceptionnelles, on se ménageait le moyen d'envoyer des avis supplémentaires. A cet effet, j'ai établi un service du soir, pendant lequel les avis qui nous viendraient de l'étranger peuvent être reçus et utilisés. La Hollande, par les soins de M. Buys-Ballot, et l'Espagne, par ceux de M. Aguilar, nous adressent chaque soir de Groningue et de la Corogne des dépêches à cet effet. Il y aurait donc là un moyen d'opérer après douze heures une rectification, si elle était nécessaire. »

A la mort de Fitz-Roy, le service qu'il avait inauguré fut continué par M. Babington.

Le 29 novembre une circulaire émanée du *Board of Trade* annonce que les signaux de tempête élevés de temps à autre par les soins du *Meteorological department* seront abandonnés à partir du 7 décembre.

Mouvements généraux de l'atmosphère. — Observations à la mer.

Les observations faites à la mer se trouvant bien organisées et en bonne voie à bord des bâtiments de la Marine française, nous pouvons dès lors nous adresser avec convenance aux nations étrangères pour obtenir communication des documents recueillis à bord de leurs navires. Nos demandes sont faites à l'Angleterre (1).

---

(1) Citons, comme exemple, la Lettre adressée le 25 février à M. l'Amiral Fitz-Roy :

« Monsieur l'Amiral, pour apporter à l'étude du mouvement des tempêtes notre contribution, nous nous occupons à prolonger sur la surface de l'Océan les cartes publiées chaque jour pour l'Europe.

» La Marine française nous fournit à cet effet un grand nombre d'observations faites à bord des bâti-

la Belgique, la Hollande, la Russie, l'Autriche, l'Espagne, le Portugal, etc. Nous recevons de chacun de ces pays les meilleures assurances. Nous aurons soin de faire ressortir d'année en année les envois qui nous auront été faits de chaque contrée.

Au commencement de juin, nous recevons du *Board of Trade* la copie de seize registres météorologiques des navires anglais. Ils renferment des observations faites dans l'Atlantique à partir du 30e degré de latitude boréale. L'adresse de cet envoi était de la main de l'Amiral Fitz-Roy. C'est probablement un de ses derniers actes, et nous aimons à y voir une preuve de l'intérêt qu'il portait à notre travail.

M. Buys-Ballot, de son côté, nous adresse cinquante-cinq feuilles de navires le 7 avril et en annonce plus de 60 autres. L'Association scientifique de France a décerné des médailles à trois des capitaines à qui sont dues les observations de 1864 et à trois des capitaines qui ont fourni les observations de 1865.

Le 25 août, nous avions écrit au Directeur de l'Observatoire de Washington pour lui exposer, ainsi que nous l'avons déjà dit, qu'il serait bien utile de pouvoir combiner les efforts de la France, de l'Amérique, de l'Angleterre et de la Russie, pour étendre à tout l'hémisphère Nord les recherches concernant les mouvements généraux de l'atmosphère. A la date du 23 septembre, l'Amiral Davis, Superintendent de l'Observatoire de Washington, nous écrit qu'il adhère de grand cœur à nos demandes; il est convaincu qu'une telle coopération fera avancer nos connaissances sur les lois des tempêtes et ajoutera par conséquent à la certitude de leurs prévisions (1).

---

ments de l'État et de ceux du Commerce. Notre travail reste toutefois incomplet sur plus d'un point, et il gagnerait beaucoup en valeur, s'il nous était possible d'obtenir une partie des documents recueillis par les navires anglais qui traversent l'Atlantique dans l'hémisphère Nord.

» Vous voudrez bien remarquer, Monsieur l'Amiral, que nos cartes étendues à l'Océan seront immédiatement publiées, et que, par conséquent, nous travaillons pour la communauté scientifique.

» L'Océan étant très-vaste, un petit nombre d'observations très-précises nous avanceraient peu dans notre travail. Ce qu'il nous importe, c'est d'obtenir un ensemble d'observations renfermant chacune quelques données exactes : le baromètre, la force et la direction du vent, l'état de la mer, la position du navire pour le jour et l'heure de l'observation.

» Je vous serai fort reconnaissant, Monsieur l'Amiral, de vouloir bien me faire connaître, s'il vous est possible, de nous donner un concours qui assurerait le succès de notre entreprise. Des observations de la seconde moitié de 1864 nous seraient fort précieuses.

» Notre Association météorologique a fondé cinq prix pour les meilleures observations météorologiques faites à la mer. Elle entend admettre au concours toutes les Marines, et elle augmentera le nombre des prix en raison du nombre des documents envoyés. »

(1) Voici la Lettre de l'Amiral :

« Monsieur le Sénateur, your valuable letter of the 25th of august, adressed to the commandant of the Observatory, reached me a few days since, and I hasten to assure you that I enter very cordially into

Peu après nous adressions à M. l'Amiral Davis les explications nécessaires. Nous avons plus tard, à notre grand regret, rencontré des impossibilités qui ne sont point encore écartées.

Études des orages.

Dès le 20 octobre 1864, les instructions nécessaires avaient été envoyées pour guider par toute la France les observateurs cantonaux.

Au mois de mai 1865, les documents arrivent en grand nombre sur les orages de ce mois. Quelques-uns des correspondants entreprennent même de discuter ce qui se trouve en leur possession. Le Directeur de l'École normale du département de l'Aisne, M. Mariotti, donne une carte de l'orage du 12 avril rédigée sur un très-bon plan.

Il devient évident que si l'on veut concentrer les discussions de tous les documents à l'Observatoire de Paris, il en résultera pour l'Établissement une surcharge considérable; d'une autre part, on n'aura rien fait pour le développement de l'esprit scientifique dans les départements. En conséquence, au commencement de juin, nous proposons à MM. les Préfets d'établir dans chaque chef-lieu une Commission chargée de discuter l'ensemble des documents d'un même département, et nous leur adressons à cet effet la lettre suivante :

« Monsieur le Préfet, l'organisation du réseau cantonal pour l'étude des orages est à peu près complète dans la plupart des départements. Les documents nous arrivent en grand nombre; nous en avons commencé la discussion, et déjà nous avons pu en tirer d'intéressants résultats au double point de vue théorique et pratique.

» L'importance de ce travail ne pouvait manquer d'être comprise en France, et nous avons reçu de divers départements des offres de concourir non-seulement aux constatations, mais encore à la discussion des documents recueillis. Ces offres té-

---

your proposal to join the labors of this Observatory to those of the Observatory of Paris, with a view to the study of the meteorology of the whole northern hemisphere; and I unite with you in the conviction that such a cooperation would advance our knowledge of the laws of storms, and thereby add certainty to our predictions.

» I have been on the eve of writing you for some time, to ask you if you will have the goodness to specify the *form* of the observations to be made at sea, in compliance with the request contained in your letter of the 8th of march to the Hon. Secretary of the Navy; and also the *form* in which I shall send you the meteorological observations made at this institution.

» My desire is to observe a strict conformity to your own methods, and to act under your suggestions and instructions.

» Thanking you again for your important and interesting communication. »

moignent de l'activité du mouvement scientifique qui se propage dans tout l'Empire : nous les avons accueillies avec empressement. Nous y trouvons d'ailleurs de sérieux avantages. La discussion des orages faite sur place par des hommes instruits, connaissant bien les localités et pouvant être amenés à les visiter au besoin, soit par la nature de leurs occupations, soit même quelquefois par le seul désir d'éclairer un point douteux, peut mettre en lumière certains faits qui nous auraient échappé.

» Plusieurs Commissions se trouvent déjà constituées par MM. les Préfets, qui se sont même quelquefois réservé la Présidence. Des Ingénieurs de l'État, des Professeurs de l'Université, des Météorologistes, tous hommes de science, figurent dans ces Commissions et présentent les plus sérieuses garanties pour la bonne et prompte exécution du travail. D'autres Commissions n'attendent sans doute pour se former, que de connaître la nature et les conditions de leur coopération à l'œuvre commune. J'ai l'honneur, Monsieur le Préfet, de vous adresser des exemplaires des instructions provisoires destinées à préciser ces conditions.

» Il est essentiel, en effet, que toutes les Commissions fonctionnent sur un plan uniforme, afin que leurs études partielles puissent immédiatement se fondre par simple juxtaposition, dans un travail d'ensemble embrassant la France entière. Il n'est pas moins nécessaire que la discussion de chaque orage soit faite dans un délai très-court, afin que la carte générale puisse être complétée en temps utile.

» Je vous prie, Monsieur le Préfet, de vouloir bien examiner si, parmi les hommes de science de votre département, il s'en trouve qui désirent participer à l'étude des orages, et, s'il en est ainsi, de vouloir bien organiser le travail. Nous fournirons immédiatement les documents nécessaires.

» L'instruction ci-jointe n'a pour objet que les récents orages. D'après votre réponse, j'aurai l'honneur de vous adresser une seconde instruction relative à la discussion des orages anciens. »

La proposition précédente est accueillie par MM. les Préfets; et dès le 8 juillet, les Commissions départementales se trouvant en fonctions dans cinquante-quatre départements déjà, nous leur adressons de nouvelles instructions pour établir entre elles et l'Observatoire une marche identique. De nouvelles circulaires suivent aux dates des 20 juillet, 12 août et 21 septembre. Il est d'ailleurs répondu avec le plus grand soin à toutes les difficultés de détail soulevées par les lettres de nos nombreux correspondants. C'est à ce prix seulement qu'une organisation si étendue pouvait être menée à bien.

A sa lettre du 15 août, le Ministre joint, pour être mise sous les yeux des Conseils généraux, une grande carte de l'orage du 7 mai, qui pourra servir de modèle pour les travaux des Commissions départementales.

La question de l'étude des grêles est d'ailleurs posée dans le Rapport adressé par nous au Ministre à la date du 1er août.

« On le sait, disons-nous dans ce Rapport, les grêles affectionnent certaines localités sur lesquelles elles tombent de préférence. Il semble donc qu'elles sont le produit d'un état général de l'atmosphère, mais dont l'action désastreuse est déterminée en des points particuliers par l'influence des circonstances locales. Ce que nous avons entrevu par un examen sommaire des documents concernant les autres orages de la présente année confirme ces aperçus : et ce doit être pour les Commissions départementales un encouragement à construire immédiatement les cartes des orages des mois de mai, juin et juillet, afin que les conclusions pour l'ensemble de la France puissent paraître sans délai.

» Lorsqu'on aura bien établi en quels points pour chaque orage tombent les grêles et quels sont les cantons qui sont frappés le plus fréquemment, il restera à rechercher en ces points la configuration du sol, sa constitution, la nature des cultures, l'étendue des bois, le régime des eaux, afin de démêler la cause déterminante de ces chutes désastreuses. Nul ne pourrait dire que ces causes, une fois bien connues, ne sont pas de nature à être combattues efficacement par des travaux d'une nature spéciale.

» Aussi, en présence du grand intérêt public qui s'attache à ces questions, ne craignons-nous pas de demander au zèle de MM. les Préfets et des Commissions départementales un travail qui avancerait beaucoup la solution des problèmes posés. Au lieu d'attendre que les phénomènes se développent d'année en année, il serait possible d'utiliser certains documents amassés depuis un demi-siècle dans les Préfectures : je veux dire l'estime des dégâts produits par la grêle et qui donnent lieu, de la part des communes et des particuliers, à des demandes de dégrèvement.

» Par un dépouillement convenable de ces documents, ainsi que l'ont fait M. l'Ingénieur Bazin pour le département de la Côte-d'Or et le frère Ogérien pour le département du Jura, on pourra établir la répartition des grêles désastreuses sur l'étendue du sol de la France. Le travail ne sera même ni long ni pénible. Il se résumera en quatre cartes seulement et pourra s'effectuer cet hiver.

» Je joins à ce Rapport l'instruction nécessaire pour l'exécution du travail et les spécimens des quatre cartes dont le tracé doit tout résumer (1). »

---

(1) *Orages à grêle.* — M. Becquerel présente à l'Académie, dans sa séance du 11 septembre, les cartes des orages à grêle dans le Loiret et le Loir-et-Cher, cartes établies sur les relevés des communes grêlées depuis un certain nombre d'années, et dont le recensement est fait et imprimé à la suite de chaque exercice par les compagnies d'assurances. Certains orages à grêle ont une direction régulière, il y a aussi des orages accidentels affectant toutes sortes de directions. M. Becquerel conclut que les forêts couvrent contre les désastres de la grêle les pays auxquels l'orage ne parvient qu'après avoir passé sur la forêt.

Nous avons invité les Présidents des Commissions à s'occuper avec sollicitude du soin de maintenir le réseau de leurs observateurs. Il importe qu'ils ne soient point abandonnés à eux-mêmes et qu'ils reçoivent de fréquentes communications de la Commission départementale. L'un des plus puissants encouragements qu'on puisse leur donner sera de leur distribuer les cartes des orages intéressant leur département, afin qu'ils puissent connaître ainsi le résultat de leurs observations, comprendre l'utilité dont elles sont, et en conséquence les continuer avec persévérance.

1866.

Observations régulières dans les Écoles normales.

Un grand nombre d'Écoles auront prochainement accompli une année d'observations. Il importe de les associer à la discussion de leurs propres observations, ainsi qu'on l'a déjà fait pour les départements dont les Commissions discutent les observations des orages faites sur leur territoire. A cet effet, une instruction détaillée est adressée, le 15 mars, aux Écoles; elle concerne les variations barométriques, l'humidité de l'air, la température de l'air, la direction et la force du vent, l'état du ciel, la pluie. Ce nouveau travail a été exécuté et est accompli depuis lors, et mois par mois, avec un grand zèle. Un système d'observations ne vaut qu'autant qu'il est discuté par ceux qui les font.

Grâce à ce concours, nous nous trouvons en mesure de publier au mois d'août le résultat de la première année d'observations faites dans les Écoles depuis le 1er juin 1865 jusqu'au 31 mars 1866. Cette première discussion, due à M. Rayet, comprend :

1° L'état du service dans les diverses Écoles;

2° Les moyennes des pressions barométriques;

3° Les moyennes des températures;

4° L'humidité;

5° Les quantités de pluie suivant les saisons et dans les diverses contrées de la France;

6° Les observations ozonométriques.

Cinq cartes relatives aux pressions barométriques et aux pluies sont jointes à l'appui.

Avertissements aux ports.

Pour faciliter les travaux et prévisions de nos collaborateurs de l'étranger, nous leur transmettons, à partir du 1er février, par le télégraphe, le tracé des courbes d'égale pression barométrique.

Le service des avertissements, devenu semi-diurne, semblait devoir être exempt de tout nouvel embarras, puisque, d'une part, il donnait satisfaction aux réclamations dont nous avons parlé, et que, de l'autre, il laissait plus de sécurité aux fonctionnaires chargés du service. Nous avons le regret de dire que les difficultés n'ont pas été moindres dans cette seconde phase que dans la première (1). Cela ne nous a pas empêché de maintenir avec persévérance notre organisation, et, dans la séance du 14 mai, nous exposions de nouveau nos motifs à l'Académie des Sciences. Il est indispensable de rapporter ici les termes de cette lecture; à travers leur réserve on apercevra facilement les difficultés de toutes sortes par lesquelles on nous entrave, et auxquelles nous nous efforçons d'échapper; plus tard elles seront connues et étonneront :

« Lorsqu'un travail scientifique est entrepris, c'est toujours avec une idée préconçue; il n'en saurait être autrement. L'emploi des matériaux dont on dispose, les observations qu'on est à même de faire ou les expériences auxquelles on se livre montrent plus tard en quoi les premières vues doivent être modifiées. Le tact scientifique consiste alors à savoir abandonner ce qui n'était pas juste et à se laisser guider par l'étude dans la voie où l'on peut rencontrer la vérité.

» Ces variations n'apparaissent pas aux yeux du public pour des travaux effectués dans le silence du cabinet, parce qu'on ne livre que le résultat définitif. C'est un avantage qui n'a pas pu se rencontrer dans l'établissement du système d'avertissements météorologiques. Dans des études qui nécessitent le concours d'un grand nombre de personnes en France, en Europe, sur l'Océan, on se trouve dès l'abord en présence du public; et ainsi celui-ci se trouve témoin des incertitudes des commencements, des difficultés inhérentes à toute modification ultérieure.

» A plusieurs reprises, l'Académie a assisté à des discussions sur les questions dont je vais l'entretenir encore aujourd'hui. Ces discussions se sont apaisées, et chacun ne retenant que ce qui pouvait être considéré comme un résultat acquis à la science, j'ai la satisfaction de croire qu'un accord s'est établi sur les principes entre tous les météorologistes sérieux de l'Europe.

» Voulant surtout parler de la marche du travail depuis une année et de la situation actuelle, je n'ai point à reprendre ici l'historique du passé, sinon dans des termes succincts pour faire bien comprendre l'état présent.

---

(1) Il faut le dire avec franchise, le service du soir déplut à quelques-uns de MM. les fonctionnaires; et, eux qui soutenaient qu'on devait, qu'on pouvait toujours prédire le temps trente-six heures à l'avance, nous les avons vus déclarer qu'un service demi-diurne n'offrait plus aucune sécurité pour eux!

» En proposant, il y a dix années environ, le système d'avertissements à donner aux ports, nous admettions que le mauvais temps venant à se montrer en un point de l'Europe, sa marche serait attentivement surveillée de manière à prévenir en temps utile, par le télégraphe, les régions menacées. Tel était aussi l'esprit d'une réponse faite, le 16 janvier 1860, au Ministre de la Marine, et d'une Lettre adressée le 4 avril de la même année à mon illustre Collègue de Greenwich : « Signaler, » disions-nous, un ouragan dès qu'il apparaîtra en un point de l'Europe, le suivre » dans sa marche au moyen du télégraphe, et informer en temps utile les côtes » qu'il pourra visiter, tel devra être le dernier résultat de l'organisation que nous » poursuivons. » Dans la Commission mixte réunie au commencement de la même année, j'exposai tous les détails d'exécution. Les ressources matérielles indispensables ne me furent pas accordées.

» Plus heureux, M. l'Amiral Fitz-Roy, ayant obtenu un subside du Parlement, commença plus tard un système d'avertissements organisé autrement. Cet éminent météorologiste entreprit, en se fondant sur les observations recueillies chaque matin, de prévenir les côtes du Royaume-Uni du temps probable pour le lendemain. Des signaux furent élevés sur toutes les côtes pour transmettre les avis de M. l'Amiral Fitz-Roy.

» Vers le milieu de l'année 1863, le Ministre de l'Instruction publique, M. Duruy, prit connaissance de l'ensemble de cette situation, et dès qu'il fut convaincu qu'il y avait là une question importante pour la Science et la Marine, il nous invita à marcher en avant en nous assurant de tout le concours dont il pourrait disposer.

» L'organisation d'un service aussi compliqué et qui demande un personnel assez nombreux et aguerri ne pouvait toutefois s'improviser, et, en attendant, on se borna au système de prévisions inauguré par M. l'Amiral Fitz-Roy, système plus simple et moins pénible pour ceux qui sont chargés de le mettre en pratique.

» Quelques bons résultats furent obtenus, et toutefois des réclamations se firent entendre. M. le Maréchal Vaillant éleva des doutes sur la nécessité d'un système d'avertissements journaliers et demanda qu'on en vînt au système que j'avais d'abord proposé. Était-il possible d'arriver à prévoir le temps jusqu'à trente heures à l'avance avec une certitude telle, que les navires fussent toujours avertis en cas de mauvais temps et sans s'exposer à les troubler inutilement par l'annonce d'un danger qui ne serait pas sérieux? N'y aurait-il pas trop de circonstances où, dans l'impossibilité de prononcer d'une manière claire et précise, on se tiendrait dans un système d'annonces vagues et indécises? Ce qu'il importait, c'était d'annoncer seulement les gros temps, mais les *vrais gros temps*.

» Ce n'était pas sur cette partie de la Note de M. le Maréchal que s'éleva une discussion. Je me bornais sur ce point à faire remarquer que, quelque préférence que je pusse avoir pour notre premier projet, j'étais arrêté par l'absence des moyens d'exécution.

» On se trouvait, en effet, en présence de deux systèmes, l'un consistant à prévenir de l'approche des tempêtes de l'existence effective desquelles on aurait été informé; l'autre dans lequel on s'imposait l'obligation de prévoir, sur des observations faites à un jour donné à 7 heures du matin, le temps du lendemain. Or, la force des choses ayant conduit à mettre en pratique le second, il ne convenait pas de l'abandonner sans en avoir fait un essai suffisant. L'expérience a montré que nos côtes de la Manche et de l'Océan sont souvent abordées les premières par l'ouragan; d'où il résulte qu'un système d'avertissements qui ne fonctionnerait que lorsque la tempête aurait déjà été constatée en quelque lieu laisserait à désirer pour nos propres côtes.

» D'un autre côté, l'expérience nous apprend encore que, dans notre climat, le mauvais temps est presque toujours accompagné d'une dépression barométrique dont le centre, après avoir traversé une plus ou moins grande étendue de l'Atlantique, aborde les côtes de l'Europe. L'existence de cette dépression nous est en général connue par les observations du baromètre lorsqu'elle se trouve encore assez loin en mer. Mais il n'en est pas de même de la route qu'elle tiendra. Nous ignorons si le centre de la tourmente se dirige sur les côtes de France ou sur celles d'Angleterre, ou s'il passera au Nord des Iles-Britanniques; et cependant, c'est là ce qu'il faudrait connaître pour prédire avec sécurité le temps du lendemain.

» Quel parti prendre en pareil cas? Mettre tout au pire et annoncer mauvais temps? Ou bien, espérant que la tourmente ira se perdre dans les latitudes élevées, doit-on signaler beau temps? Dans l'un et l'autre cas, ce serait se prononcer au hasard. Un esprit consciencieux et réfléchi n'en agira pas ainsi; il fera passer dans la dépêche l'indécision que la situation laisse dans son esprit et transmettra un avis sans utilité.

» La pratique conduit donc à l'emploi d'un système intermédiaire vers lequel nous faisions un pas lorsque, dans la séance du 24 juillet 1865, nous disions : « Il » m'a semblé qu'on se conformerait à toutes les règles de la prudence si, pour des » circonstances exceptionnelles, on se ménageait le moyen d'envoyer des avis » supplémentaires. » Il s'agissait d'établir un service du soir pendant lequel les dépêches qui viendraient de l'étranger pourraient être reçues et utilisées. La Hollande par les soins de M. Buys-Ballot, l'Espagne par ceux de M. Aguilar, l'Angleterre grâce à M. Babington, nous envoient, en effet, dans la soirée, des dépêches supplémentaires de Groningue, de la Corogne, de Valentia.

» Plus tard encore, au mois d'octobre, j'estimais qu'il y avait définitivement lieu de supprimer la prévision faite invariablement la veille pour le temps du lendemain, dans des termes absolus, et de s'en rapporter de plus en plus au service combiné du soir et du matin. La mise à exécution de ces modifications ne s'est point effectuée sans difficulté. Il en est ainsi toutes les fois qu'il faut rompre avec des habitudes prises. Nous ne pouvions d'ailleurs nous trouver d'accord avec ceux qui s'imaginent qu'il deviendra possible de fixer quelques jours à l'avance le lieu et l'heure des phénomènes météorologiques. Mais de telles affirmations chimériques, bonnes pour nourrir le public de fausses illusions, ne sont pas propres à assurer la marche de la Science. La route la plus sûre du progrès est de se tenir à chaque époque dans la vérité.

» Le Gouvernement anglais, à la mort de l'Amiral Fitz-Roy, avait voulu qu'un Rapport lui fût fait sur les travaux météorologiques; une Commission en avait été chargée.

» S. Exc. l'Ambassadeur d'Angleterre transmettait, au commencement de cette année, une demande dont l'objet était de savoir à quel système d'avertissements la pratique nous avait définitivement conduit. C'était une assez lourde tâche que d'avoir à répondre à de telles questions : nous ne pouvions cependant nous y soustraire, l'Angleterre nous ayant toujours donné, dans nos entreprises météorologiques, un cordial appui.

» La réponse que je remettais le 17 avril dernier à M. le Ministre de l'Instruction publique était basée sur les mêmes considérations que j'expose aujourd'hui devant l'Académie et concluait de la manière la plus formelle à l'établissement d'un service du matin et du soir, en dehors duquel je ne trouvais aucune sorte de sécurité.

» Lorsque aucune perturbation de l'atmosphère ne nous menace à bref délai, disons-nous dans ce Rapport, l'étude des observations du matin, jointe à la considération des observations de la veille au soir, permet souvent de prononcer sur la journée du lendemain et d'avertir les ports qu'ils n'ont rien à redouter. Si un tel avis n'est pas le plus important que les ports puissent recevoir, il permet toutefois aux marins d'agir avec sécurité; et, d'une autre part, cette étude journalière est indispensable pour qu'on ne se laisse pas surprendre par l'arrivée des mauvais temps.

» Si, au contraire, la situation menace de se troubler, on pourra être embarrassé pour conclure nettement. Les inconvénients d'un service de prévision absolue se présenteront alors, puisqu'on ne pourra transmettre aux ports que l'indécision où l'on se trouvera, sans leur fournir aucun moyen de la lever.

» Nous estimons que dans ce cas un service supplémentaire doit être fait le soir en se basant sur les quinze observations de 6 heures, service qui permet alors de multiplier les avis, de les donner de douze en douze heures pour ainsi dire, et d'arriver ainsi à l'exactitude que demande la sécurité de la marine.

» On objecte que les dépêches envoyées à cette heure tardive ne trouveraient personne pour en prendre connaissance. Nous sommes persuadé du contraire. L'expéditeur de la dépêche du matin, inquiet sur le temps du lendemain, se trouvant dans l'impossibilité de prononcer avec certitude, avertira franchement de cette situation et annoncera une dépêche supplémentaire pour le soir. On peut compter que les marins intéressés et qui seraient tentés de sortir avec la marée du soir ou de la nuit, voyant un service d'avertissements fait avec ce sérieux, auront soin de se trouver à l'arrivée de la dépêche annoncée, et qu'ainsi elle aura porté tous les fruits qu'on en attendait.

» Le 25 avril, M. Babington, qui a succédé dans le service au regretté Amiral Fitz-Roy, voulait bien nous écrire : « Votre réplique aux questions qui vous ont été » posées par l'intermédiaire de lord Cowley, de la part du Gouvernement anglais, » est parvenue dans mes mains. Je l'ai lue avec soin, intérêt, aussi bien qu'avec » satisfaction, et j'agrée cordialement à tout votre exposé.

» J'ai vu aussi avec grand plaisir l'honorable mention que vous faites du nom » de mon dernier et si estimé chef, l'Amiral Fitz-Roy. »

» M. Babington a raison de vouloir qu'on paye un juste tribut d'éloges à M. l'Amiral Fitz-Roy. Prenant pour point de départ un système de prévisions absolues, M. l'Amiral Fitz-Roy a rendu les plus grands services en l'étudiant avec un zèle persévérant. S'il n'est pas arrivé à des résultats pratiques suffisants, nul autre à sa place n'eût mieux fait. La discussion de son travail est de nature à porter la lumière dans ces difficiles questions.

» Cet examen a été fait dans le plus grand détail par la Commission anglaise composée de MM. Francis Galton, Commandeur Evans et Th. Farrer. J'ai l'honneur de mettre sous les yeux de l'Académie le Rapport de cette Commission, tel qu'il vient de paraître, et d'en analyser quelques résultats.

» Dans la première Partie, la Commission s'occupe des études de météorologie au moyen des observations faites sur l'Océan, de leur état actuel et des améliorations qu'elles comportent.

» Dans la seconde Partie, la Commission traite des pronostics et avertissements météorologiques pour les Iles-Britanniques.

» Dès l'abord, la Commission nous révèle sa tendance en s'attaquant au mot lui-même *forecast*, par lequel sont désignés les avertissements donnés aux côtes. « Pourquoi, dit-elle, n'avoir pas employé les mots usuels *predict* ou *foretell?* C'est » sans doute que *forecast* est moins précis. L'usage de termes vagues a pour » résultat de permettre à ceux qui s'en servent de se contenter de conclusions » incertaines. »

» Passant tout le système en revue, les avertissements télégraphiques, les signaux de tempêtes, la Commission se prononce dans le § 25 contre la continuation d'un système absolu d'avertissements journaliers donnés la veille, et s'exprime ainsi :

« Considérant, en conséquence, qu'on n'a encore aucune base scientifique pour » des avertissements journaliers ; qu'en fait ils ne se montrent pas généralement » exacts, nous ne voyons point une bonne raison de les continuer.

» Dans cette conclusion, nous nous trouvons d'accord avec les meilleurs météo- » rologistes pratiques. L'Observatoire de Paris, qui pendant quelque temps avait » suivi la même pratique, l'a abandonnée. Maury lui est opposé ; M. Dove, à Berlin, » se restreint à un système de signaux d'annonce de tempêtes, et là même rencontre » des difficultés ; M. Matteucci, à Turin, est dans le même cas. »

» Arrivant, au § 42, à ses conclusions, la Commission les formule ainsi :

» I. — Que le système de télégraphier le temps des stations éloignées, tel qu'il a été proposé par M. Le Verrier et adopté par lui et par l'Amiral Fitz-Roy, soit continué ;

» IV. — Que la publication des prévisions journalières (*forecasts*), ou du temps probable pour les côtes N., E., S. et O., soit cessée ;

» V. — Que le sommaire sur les résultats généraux des télégrammes, tel qu'il est publié dans le *Bulletin de l'Observatoire de Paris*, et tel que M. Babington l'a récemment ajouté aux prévisions journalières, soit maintenu ; mais qu'on ne se croie pas obligé de les donner tous les jours, mais seulement lorsqu'on juge qu'il peut y avoir quelque intérêt ;

» VI. — Que la pratique d'élever les signaux de tempête soit continuée, mais avec les modifications suivantes.... (Bornons-nous, parmi ces modifications, à constater que la Commission demande que les signaux ne soient hissés que quand une tempête est proche, et qu'alors ils soient maintenus jusqu'au moment où elle va cesser.)

» Pour l'ensemble des services météorologiques, la Commission propose d'allouer une somme annuelle d'environ 250000 francs.

» Ce Rapport est complétement d'accord avec les vues que nous nous efforçons de faire prévaloir, et nous espérons que les météorologistes s'entendant tous sur ce point, il sera enfin possible, comme je le demandais à la fin du Rapport remis au représentant de l'Angleterre, d'organiser et de faire fonctionner le système semi-diurne d'une manière régulière, continue et sans trouble.

» Les explications dans lesquelles nous venons d'entrer suffiraient sans doute pour entraîner tous les esprits non prévenus, de même qu'elles ont déterminé les météorologistes. Et toutefois nous trouvons une confirmation dans les circonstances qui se sont présentées depuis le commencement du mois de mai.

» Les dix premiers jours, jusqu'au jeudi de l'Ascension, ont été calmes. Le jeudi 10 au matin tout est parfaitement tranquille, partout un vent modéré. Encore moins que la veille, les courbes barométriques ne pourraient faire prévoir l'approche d'une bourrasque. Le baromètre est à 762 à Valentia, à 758 à Greencastle, à 754 à Nairn. Et cependant, le lendemain matin, le baromètre est tombé à 745 au centre de l'Angleterre: il y a baissé de 13 millimètres pendant qu'il se relevait de 3 à Nairn.

» Mais ce n'est pas tout. En présence de cette anomalie, je me suis adressé à mon Collègue de Londres pour lui demander des observations du soir, et il a bien voulu m'adresser celles de 3 heures. M. Babington me fait remarquer que la chute du baromètre « entre le soir du 10 et le matin du 11 a été excessivement soudaine. A » 3 heures de l'après-midi du 10, à l'exception d'une baisse insignifiante de $1^{mm},4$ » à Valentia, le baromètre avait monté partout ailleurs en Angleterre. » A cette remarque de M. Babington j'ajoute que le baromètre avait monté sur toutes les côtes de France. Un peu de pluie à Valentia et une baisse barométrique de $1^{mm},4$ de 7 heures à 3 heures n'étaient certes pas suffisants, même à 3 heures, pour prédire une bourrasque pour le lendemain.

» En conséquence, tenant compte des faits passés et de l'expérience acquise, je persiste à penser :

» 1° Qu'il faut maintenir l'envoi journalier aux ports de la situation présente de l'atmosphère sur une grande étendue de pays;

» 2° Qu'il faut limiter les prévisions à l'annonce du commencement des gros temps, de leur persistance et de leur fin;

» 3° Qu'à cet effet le système d'avertissements doit être semi-diurne, sans exclure pour cela les prévisions faites vingt-quatre heures à l'avance, lorsque l'état général de l'atmosphère le permet;

» 4° Qu'une étude complète de l'état de l'atmosphère doit être faite chaque jour le matin et le soir. »

Tel est le système que recommande l'expérience, celui dont nous maintiendrons les bases, et qui portera d'heureux fruits le jour où chacun voudra ne considérer que le bien du service.

M. le Ministre de la Marine, à qui nous avions donné connaissance de ces vues et de ces nouveaux arrangements, voulait bien nous répondre, à la date du 22 mai :

« Monsieur le Directeur et cher Collègue, vous m'avez fait l'honneur de m'adresser, le 27 avril dernier, des exemplaires d'un article du *Bulletin international* dans lequel vous exposez les motifs qui vous ont engagé à modifier le service de prévision du temps, commencé en 1863 à l'Observatoire impérial.

» Le nouveau système que vous voulez organiser me paraît appelé à fournir d'utiles renseignements et à rendre des services à la navigation.

» Je vous remercie du soin que vous avez bien voulu prendre de me transmettre ces informations, et je m'empresse de vous assurer de nouveau la continuation du concours du Département de la Marine aux travaux de l'Observatoire impérial. »

Étude des orages.

En attendant que l'Atlas des orages de 1865 puisse être publié, nous adressons aux Commissions, en avril, de nouvelles instructions pour la campagne de 1866.

« Grâce à votre concours, disons-nous à nos collaborateurs, la campagne entreprise pour l'étude des orages a donné dès l'abord un résultat sérieux. La première question posée a été résolue. La connaissance de la marche générale de ces météores résulte avec évidence de l'ensemble des cartes de l'Atlas, qui sera bientôt entre vos mains....

» Il nous faut aujourd'hui faire un pas en avant, en profitant des résultats acquis. Nous ne devons pas nous borner à recommencer l'étude générale effectuée dans la première année, mais il importe d'observer désormais avec soin tous les détails locaux, de constater l'influence des montagnes, des collines, des vallées sur la marche des orages. Surtout puisque la grêle affectionne, on n'en peut douter, certaines localités, il faut arriver à les bien déterminer.

» L'importance de la Commission départementale grandira à mesure que nous entrerons ainsi dans les détails. Il ne sera possible de rien prescrire d'uniforme : chacun devra se guider sur les conditions particulières à son département. Il faudra des observateurs plus sûrs, mais ils auront été exercés par une plus longue pratique à mesure que les questions deviendront plus délicates.

» Nous ne voyons rien à changer aux bulletins destinés à l'inscription des observations. Il appartient seulement aux Commissions départementales d'insister près des observateurs pour la constatation de la grêle et de sa répartition sur les différentes communes; ces données deviendront l'une des bases les plus essentielles du travail des Commissions....

» Les Commissions départementales voudront bien continuer à dresser leurs cartes conformément au modèle convenu. Elles tâcheront toutefois d'y introduire et de signaler toutes les déviations qui leur paraîtront liées au relief et à la constitution du sol.

» L'Atlas de 1865 contiendra un grand nombre de cartes générales et un petit nombre de cartes départementales. Ce sera sans doute l'inverse qui devra avoir lieu en 1866. Quelques cartes générales des orages les plus remarquables suffiront; ce seront des cartes régionales et départementales qui devront occuper la plus grande place. Plus on avancera, plus les détails devront dominer.

» Ainsi donc, que les Commissions ne négligent rien pour constater les détails et surtout l'importante répartition de la grêle. Elles pourront même à cet égard s'éclairer par l'étude des documents anciens comme nous le leur avons demandé et comme plusieurs Commissions l'ont fait avec succès. A mesure que les lieux préférés par la grêle auront été bien reconnus, il faudra étudier en quoi ils diffèrent de ceux qui sont exempts du fléau, faire porter l'examen sur la configuration du sol, sur sa constitution géologique, sur le mouvement des eaux souterraines ou à ciel ouvert, sur la culture et particulièrement sur les forêts. En rapprochant les résultats ainsi obtenus en divers pays, on arrivera sans doute à connaître la cause qui fait que certains points sont frappés plutôt que d'autres, et nul ne peut dire qu'il ne sera point alors possible de trouver quelque moyen de diminuer, sinon d'anéantir le fléau.... »

L'Atlas de 1865 a été édité par l'*Association scientifique de France*. La Société a d'ailleurs distribué un grand nombre de médailles et de baromètres aux Commissions et aux observateurs qui se sont le plus distingués par leur zèle et le mérite de leur travail.

Au mois d'août paraît l'*Atlas des orages de l'année* 1865, format grand in-folio. On y trouve :

1° Une Introduction du Directeur de l'Observatoire;

2° Un exposé de M. Fron;

3° L'organisation du personnel départemental;

4° *Quarante-quatre* cartes générales de la marche des orages au travers de la France. On trouve sur chaque carte l'indication des noms de tous ceux de nos correspondants à qui sont dues les cartes départementales sur lesquelles est fondée la carte générale;

5° *Vingt et une* des cartes départementales les plus complètes, construites par les Commissions;

6° La carte de la marche du bolide du 7 décembre 1865;

7° La carte synoptique de l'état de l'atmosphère sur l'Océan et l'Europe le 2 décembre 1864, à 8h du matin.

Le service des orages est organisé dans le Grand-Duché de Luxembourg par les soins de M. de Colnet-d'Huart, aujourd'hui Directeur général de l'administration des finances du Grand-Duché. Pour faciliter les travaux, l'échange des documents est autorisé en franchise dans le Luxembourg d'une part, et de l'autre en France par une décision du Ministre des Finances, prise sur la proposition de M. Vandal, Directeur général des postes. Nous avons déjà reçu de M de Colnet-d'Huart un grand nombre de documents.

M. Quetelet, pour la Belgique, et M. Buys-Ballot pour la Hollande, veulent bien également s'entendre avec nous pour que la marche des orages puisse à l'avenir être suivie dans ces pays au même titre qu'en France.

1867.

Étude des orages. — Distribution des grêles. — Observations régulières dans les Écoles normales.

Ces trois sujets d'étude ont été réunis dans un seul Atlas, grand in-folio et portant pour titre : *Atlas météorologique de l'Observatoire impérial*, année 1866. Les résultats des observations d'une année sont régulièrement publiés l'année suivante. Bornons-nous à faire connaître l'ensemble des matières contenues dans l'Atlas de 1866.

Une introduction du Directeur est suivie du tableau de l'organisation du personnel des Commissions départementales et de l'état du service dans les Écoles normales.

Études des orages. — Cette *première partie* contient :

1° Rapport de M. Fron sur la construction de l'Atlas;

2° Étude des orages normaux dans le Lyonnais; par M. Fournet;

3° Étude des orages dans l'Indre-et-Loire; par M. de Tastes;

4° Étude des orages dans le Loiret; par M. Sainjon;

5° Étude des orages dans le Loir-et-Cher; par M. Jollois;

6° Étude des orages dans la Meuse; par M. Poincaré;

7° *Vingt-huit* cartes générales de la marche des orages au travers de la France, en Belgique, dans le Luxembourg et en Hollande; on trouve sur chaque carte l'indication des noms de tous ceux de nos correspondants à qui sont dues les cartes départementales sur lesquelles est fondée la carte générale;

8° *Vingt et une* des cartes départementales les plus complètes, construites par les Commissions, savoir : 1° carte résumé des orages du Rhône; 2° cartes résumées des orages de 1866 pour l'Allier, Indre-et-Loire, Loir-et-Cher, la Seine-Inférieure; 3° cartes d'un orage spécial dans l'Ain, les Ardennes, l'Aube, l'Aude, le Gers, l'Isère, la Haute-Loire, le Lot-et-Garonne, la Manche, la Marne, la Meuse, le Morbihan, la Moselle, le Bas-Rhin, les Vosges et le Grand-Duché de Luxembourg.

Les études sont étendues aujourd'hui à la Norvége. M. Mohn nous informe (7 janvier) « qu'il a été assez heureux pour trouver des personnes de confiance, dispersées sur tout le pays, pour l'observation des orages et des aurores boréales. La grande étendue des pays inhabités dans le centre sera un grand obstacle. » La Belgique et la Hollande nous ayant déjà donné leur concours, il est à désirer que le Danemark, l'Angleterre et l'Écosse, qui ont tant fait pour la Météorologie générale, complètent à l'O. et au N. le réseau pour l'étude des orages.

Zones des orages à grêle. — Cette *deuxième partie* contient :

1° Discussion des documents anciens pour dix-sept départements; par M. BAILLE;

2° Exposé de la méthode de discussion suivie pour les quatre premiers départements, Seine-et-Marne, Loiret, Loir-et-Cher et Eure-et-Loir; par M. BECQUEREL;

3° Étude des anciens orages dans la Haute-Saône; par M. GUÉNIOT;

4° Étude des anciens orages dans l'Ain; par M. BAUDART;

5° Étude des anciens orages dans la Meuse; par M. POINCARÉ.

6° Dix-sept cartes des zones de grêle pour les départements suivants : Ain, Aisne, Allier, Cher, Côte-d'Or, Eure-et-Loir, Loiret, Loir-et-Cher, Meuse, Morbihan, Nièvre, Bas-Rhin, Haute-Saône, Seine-et-Marne, Seine-Inférieure, Vienne, Yonne.

Observations météorologiques des Stations françaises, faites depuis le 1er juin 1866 jusqu'au 31 mai 1867. Cette *troisième partie* comprend :

1° Discussion générale, et en particulier des pluies; par M. RAYET;

2° Régime de la pluie dans le bassin de la Seine; par M. BELGRAND;

3° Régime des eaux dans le bassin de la Seine; par MM. BELGRAND et LEMOINE;

4° Mémoire sur la température de l'air; par M. Ernest QUETELET;

5° Observations comparées de la température de la Seine et de celle de l'air, faites à Bar-sur-Seine (Aube), par M. SAILLARD;

6° Carte des stations pluviométriques de la France;

7° Quatre cartes trimestrielles de la distribution des pluies;

8° Carte de la distribution des pluies dans le Loiret pendant l'année; par M. SAINJON;

9° Carte de la variation diurne de l'humidité de l'air en neuf stations.

Nous avons ainsi publié toutes les pièces importantes qui nous ont été transmises par nos correspondants; nous considérons toujours comme un devoir de le faire.

Avertissements aux ports.

Nos services sont si connexes avec ceux de l'Angleterre, que celui de notre voisine ne saurait s'arrêter sans que le nôtre en souffre. Nous avions annoncé avec regret la suspension du service anglais en 1863 : nous sommes heureux de constater sa reprise en 1867 (1).

---

(1) Voici la circulaire par laquelle le Board of Trade annonce la reprise des avertissements et les limites dans lesquelles ils seront donnés :

« Telegraphic Weather Information. — Board of Trade 30 Nov. 1867.

» Sir, I am directed by the Board of Trade to acquaint you, that they have been informed by the Meteo-

M. Robert Scott est placé à la tête de cet important service. Nous avons eu la satisfaction de nouer avec lui les relations les plus cordiales, et nous recevons chaque jour de sa bienveillance un concours empressé. Nous prions M. Scott d'être assuré que nous serons toujours heureux de mettre à sa disposition les ressources qui peuvent dépendre de nous.

Observations à la mer.

Les documents, nombreux sur la route de France et d'Angleterre en Amérique, font presque entièrement défaut pour la partie de l'Océan comprise entre l'Écosse,

---

rological Committee appointed by the Royal Society, that that Committee are now prepared to issue, free of cost, to ports or fishing stations which are accessible by telegraph, notice of serious atmospherical disturbance on the coasts or in the vicinity of the British Islands.

» The conditions on which these notices will be issued, are as follows, viz. :

» They will be forwarded in each case as soon as information of the atmospherical disturbance shall have been received at the Meteorological Office, and the ports or fishing stations to which they are to be sent will be determined by the Board of Trade.

» When the list of places to which notices may be sent has been determined by the Board of Trade, it will rest with the Meteorological Committee, in each case of atmospheric disturbance, to send notices to all or any of those places, as the circumstances of the particular case may appear to the Meteorological Office to be advisable.

» When a telegraphic notice of atmospherical disturbance is received at one of the places named on the Board of Trade list, its receipt is to be made public by hoisting one of the late Admiral Fitzroy's drums, and the drum is to remain hoisted for 36 hours after the receipt of the telegraph message containing the notice.

» One telegraphic notice implies that the drum is to remain hoisted for 36 hours, and no longer.

» Should the Meteorological Committee think it necessary that a drum should remain hoisted for more than 36 hours in any case, they will send messages to that effect, and continue them from day to day so long as it appears desirable, or until the storm shall have abated.

» If the authorities at any port or fishing station wish to receive intelligence of atmospherical disturbances, and will undertake to hoist the drum, subject to the conditions named, and subject to such regulations or directions as may from time to time be issued by the Meteorological Office, an application should be addressed to the Secretary to the Meteorological Committee, 2, Parliament Street, Westminster. S. W., in order that the necessary steps may be taken to place the name of the station on the Board of Trade list, and to provide the flagstaff and drum.

» It is to be understood that where the place or station can pay for a flagstaff and drum they will be expected to do so, if a staff and drum are not already provided; and that where it is made to appear to the Board of Trade that no staff and drum are provided, and that the place is too poor to bear the expense, then the cost will be defrayed by the Meteorological Office, with the sanction of the Board of Trade.

» But in all cases, whether the first cost of the flagstaff and drum are or are not borne by the local authorities, the local authorities must undertake to bear all subsequent charges connected with the hoisting of the signal, and the maintenance of the signal apparatus.

» The only subsequent expense that will be defrayed by the Meteorological Office will be the charge for transmission of the notices of atmospherical disturbances. T. H. Farrer. »

l'Islande et la Norvége. M. Mohn travaille à combler cette lacune et a déjà envoyé des extraits de journaux tenus à la mer : « Comme notre marine, dit-il, est très-considérable, la quatrième de l'Europe, et nos capitaines bien instruits et très-habiles, j'espère que la participation de la Norvége au service météorologique international sera très-considérable. »

Mouvements généraux de l'atmosphère.

Le premier fascicule de ce grand travail, embrassant les mois de juin-décembre 1864, a été terminé à la fin de 1867 et a paru au commencement de 1868 sous ce titre :

ATLAS DES MOUVEMENTS GÉNÉRAUX DE L'ATMOSPHÈRE, ANNÉE 1864 (JUIN-DÉCEMBRE). *Rédigé par l'*OBSERVATOIRE IMPÉRIAL DE PARIS *sur les documents fournis par les* OBSERVATOIRES ET LES MARINES DE LA FRANCE ET DE L'ÉTRANGER. — *Publié sous les auspices du* MINISTRE DE L'INSTRUCTION PUBLIQUE *et avec le concours de l'*ASSOCIATION SCIENTIFIQUE DE FRANCE.

Ce fascicule comprend :

1° Le présent historique des entreprises météorologiques de l'Observatoire impérial de Paris : quoique ces entreprises soient fort diverses, elles concourent toutes, par les données qu'elles ont permis de réunir, à la connaissance des mouvements généraux de l'atmosphère;

2° Un exposé de la marche suivie pour la construction de l'Atlas; par M. BAILLE;

3° Le relevé des bâtiments dont les Rapports ont servi à l'exécution du travail;

4° *Cent quarante-trois* cartes construites par MM. SONREL et VINCENT, et donnant l'état général de l'atmosphère depuis le 1er juin jusqu'au 21 octobre 1864;

5° *Soixante-onze* cartes construites par MM. BAILLE et VINCENT, et donnant l'état général de l'atmosphère depuis le 22 octobre jusqu'au 31 décembre 1864.

Le travail embrasse la surface de l'Atlantique Nord à partir des Antilles, du golfe du Mexique et des côtes Est de l'Amérique; il s'étend jusqu'aux îles du cap Vert et au Sénégal; il comprend la surface entière de l'Europe, la mer Méditerranée, la mer Noire, la mer Baltique et la mer du Nord. Malgré cette extension, il est encore trop restreint, et on doit désirer qu'il enveloppe prochainement tout le contour de l'hémisphère Nord : c'est à quoi l'on parviendrait si l'Angleterre et la Russie consentaient, comme nous l'avons dit, à se charger de l'Asie, et l'Amérique de son propre et vaste pays ainsi que de l'océan Pacifique.

Il ne nous manque, pour livrer l'année 1865 à l'impression, que d'avoir reçu les documents des Colonies anglaises; dès que nous les aurons en notre possession, comme nous avons ceux de la Marine, le travail marchera rapidement.

PARIS. — IMPRIMERIE DE GAUTHIER-VILLARS, RUE DE SEINE-SAINT-GERMAIN, 10, PRÈS L'INSTITUT.

www.ingramcontent.com/pod-product-compliance
Ingram Content Group UK Ltd.
Pitfield, Milton Keynes, MK11 3LW, UK
UKHW021218230726
13926UKWH00003B/1098

9 782014 455243